石 油 技 师

(31)

中国石油天然气集团有限公司人事部　编

石油工业出版社

内 容 提 要

本书以文集的形式介绍了技能人才培养、班组管理、经验分享、现场疑难分析与处理、技术革新等内容。有助于一线员工提升业务素养、提高业务水平。

本书可供石油石化企业基层操作人员阅读。

图书在版编目（CIP）数据

石油技师 .31 / 中国石油天然气集团有限公司人事部编 .—北京：石油工业出版社，2020.9

ISBN 978-7-5183-4171-9

Ⅰ . ①石… Ⅱ . ①中… Ⅲ . ①石油工程 – 工程技术 – 文集 Ⅳ . ① TE-53

中国版本图书馆 CIP 数据核字（2020）第 152159 号

出版发行：石油工业出版社有限公司

（北京朝阳区安定门外安华里 2 区 1 号　100011）

网　址：www.petropub.com

编辑部：（010）64255590

图书营销中心：（010）64523633

经　　销：全国新华书店

印　　刷：北京中石油彩色印刷有限责任公司

2020 年 9 月第 1 版　2020 年 9 月第 1 次印刷

889 × 1194 毫米　开本：1/16　印张：6.25

字数：155 千字

定价：15.00 元

（如出现印装质量问题，我社图书营销中心负责调换）

目　录

CONTENTS

2020年6月

《石油技师》总策划　黄　革

《石油技师》编辑部

主　　编　何　波　李　丰
副 主 编　胥　勇　张传英
责任编辑　吴　莺
美术编辑　孙晋平　张　聪　任红艳
主　　办
中国石油天然气集团有限公司
中国石油天然气股份有限公司　人事部
协　　办
勘探与生产分公司
炼油与化工分公司
销售分公司
天然气销售分公司
中石油管道有限责任公司
海外勘探开发分公司
工程技术分公司
中油工程有限公司
编　　辑　《石油技师》编辑部
通信地址　北京市朝阳区安华西里三区 18 号楼
邮政编码　100011
投稿网址　http://syuj.cbpt.cnki.net
编辑部电话　（010）64255590
设计印刷　北京中石油彩色印刷有限责任公司
出版日期　2020 年 6 月

扫一扫，下载技能中油 APP

扫一扫，关注技能中油微信公众号

“钉钉”APP在培训工作中的“口袋化”应用

◆ 姜娅红　卢莎莎

2018年，长庆油田分公司第二采油厂岭北采油作业区开始推行“钉钉”APP，应用于全区人员考勤管理和现场基础管理。2019年，本着便于发布学习信息、开展员工培训和岗位练兵、提升员工技能文化素养的目的，岭北采油作业区将“钉钉”APP中的“金牌团队”功能有效开发，并进行拓宽应用，通过问卷调查、制定培训计划、上传培训课件及试题库，实现全区员工随时、随地在手机上进行自主学习和题库练习，在全区范围内营造了“学技术、比技能、强本领、提素质”的良好学习氛围。

1　传统培训方式的不足

集中授课、现场示范是传统的教学模式。按照目前采油作业区的生产模式，各生产单元分布在200多平方千米的矿权范围内，组织一次集中培训，既要考虑培训的覆盖面，还需要考虑各班组实际工作用人情况。往往一次培训要组织至少3次，才能勉强覆盖作业区2/3的员工。以采油作业区常见的冬季安全培训为例，采取“20+10”的倒班模式，在岗员工每班上24h，补休24h。组织一次培训只能培训到1/3的员工。同样的内容，教师需要循环讲解3次才能达到全覆盖的培训目标。

作业区每年至少举办2次星级员工考试，每次考试按照270人次计算，报名、组卷、手工批改、登记成绩等工作，使每次考试的周期长达15天，而且工作量大、保密性不强。

2　应用“钉钉”APP开展培训工作的预期目标

岭北采油作业区通过对比多个学习软件，选择“钉钉”APP，并成功开发“金牌团队”模块，应用于作业区培训工作，通过以下几个模块的实际应用，高质量完成了全区员工培训目标。

2.1　培训学习口袋化

摒弃纸质版学习资料，实现无纸化培训。统一将学习内容上传到“学习库”，员工可根据自身需求，选择内容自主学习。以技能鉴定考试为例，依托“金牌团队”的“企业课程”模块，上传《采油工中级试题库》，员工可通过手机客户端，登录“钉钉”账户，随时随地开展学习，并通过“题库练习”模块自主对学习效果进行检验。题库练习模块中添加了错题分析功能，在“交卷”后，系统对回答错误的题目进行解析。

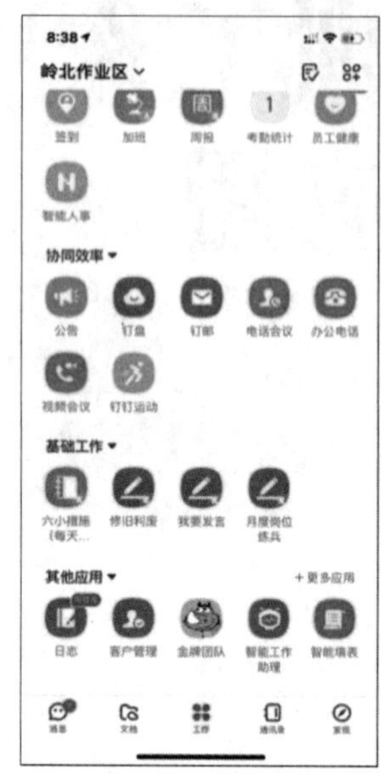

图1　“金牌团队”相关模块截图

2.2　培训内容多样化

为了满足员工的学习需求，“钉钉”APP中还有办公软件应用、职场基本礼仪、基础写作知识等通用学习课件，供员工根据自己的需求和兴趣选择学习。

2.3　考试排名自动化

在每年2次的星级员工考核中，设置考试时间、添加参加考试人员名单。APP会在设定好的时间和人员范围内进行组卷考试，试题由系统自动在试题库中挑选组卷，员工通过手机端进行答题，在规定的时间内完成考试。提交试卷后，系统自动进行评分，并按照成绩高低进行排名。工作人员只需要在电脑端登录，下载考试成绩电子表格，就可以完成一次考试。

3　“钉钉”APP开展培训工作的流程

“钉钉”APP“金牌团队”模块实现了采油作业区培训工作的在线运行，将“培训计划”“培训教程”“考试达标”向“在线计划”“微课堂”“在线考试”转变，以信息化手段把培训工作装进了“口袋”，提高了培训、考试工作组织效率。具体流程如下：

（1）在线问卷调查：通过在线调查问卷，及时掌握员工学习的需求及问题，从中调整培训计划方向和有针对性地制定培训大纲，确保培训的有效性。

（2）在线落实计划：通过上传月度、专项培训计划，使员工能按照时间节点开展个人自学，提升个人学习动力。

（3）在线题库练习：将“两册”内容、《星级管理试题库》和形势任务目标宣贯内容上传到在线题库练习模块中，员工可以自主选择题库内容，也可以自行查看错题分析结果，使后期练习中不再发生重复错误。

（4）在线考试评分：由主管岗位或教员根据自己所要考试的内容、题量，按照规定的时间、节点将考试内容发布至考试系统，考生可通过手机进入考试系统进行随机答题，在规定的时间完成考试、按时进行提交评分，确保了考试的及时性和保密性。

(5) 在线错题分析：钉钉 APP 使用数据统计分析的原理，把员工在答题过程中出现的错题进行汇总，并在错题的下方对本道试题进行解析。

4 培训效果分析

通过“钉钉”APP 中“金牌团队”模块的应用，目前采油作业区已经将员工“日常课程”学习、“岗位练兵”、“星级管理评定考试”有效进行融合，通过定期上传企业培训课件、各类试题库，员工可以通过手机进行试题练习，练习的得分、时长、排名，也可以通过 APP 自动生成。考试也可以通过手机进行考试，真正实现了“送教上门”，提高了全区员工学习的热情及培训工作组织效率。取得以下效果：

(1) 员工参与学习更加便捷。采油作业区在岗人员可以“随时、随地”进行自主学习和题库练习，不但解决了偏远井站员工参加集中培训难的问题，同时也把工作之余的“碎片”时间整合起来进行学习。员工可以根据现有的知识水平参加不同层级的学习，真正做到了把书本装进“口袋”里，时时处处进行学习。

(2) 减轻培训工作者的负担。培训工作人员在考试前，提前导入试题库，APP 可以根据员工报名情况随机组卷，考试结束后一键导出成绩并自动排名。实现了采油作业区一年 2 次的操作员工“星级管理评定考试”向在线考试的转变，有效提升了考试效率，减轻了培训教员的工作负担，确保了星级管理结果的公正性、严肃性和权威性。可对员工的学习和学分进行即时汇总，形成员工学习培训结果统计表，减少培训工作者人工统计的工作量。

(3) 满足了不同人员的培训学习需求。岗位人员、返岗人员、新到岗员工通过“钉钉”APP，可在较短时间内，对需要掌握的理论知识、实践操作技能进行课程学习和试题库练习，能对所学习内容有较快的认知，从而达到了适应岗位，满足安全生产的需求。参加技能鉴定（星级员工评定考试）的员工，可提前进行题库的学习和自主答题练习，并通过错题分析提高薄弱环节，提高鉴定的合格率。

(4) 提高了学习培训效率。学习资源共享，所有员工都可以在 APP 上学习自己感兴趣的课程内容，最大发挥了学习资源的效用；员工学习完课件后，会在“学习动态”中留下学习痕迹，便于学员下次继续学习。

（作者：姜娅红，长庆油田第二采油厂，采油工，高级技师；卢莎莎，长庆油田第二采油厂，采油工，技师）

工变频控制电路设计误区及改进

◆ 林树国　王　健　崔宏鑫　张星海　王险峰

石化行业生产装置一些重要设备目前采取工变频控制，运行于变频状态下的机泵，如果变频器出现故障，可以自动切换至工频状态运行，不影响生产装置的稳定运行。2017 年 1 月，某装置工变频控制的机泵出现两次停车事故。事故 1 是处于变频运行状态下的机泵由于变频器故障，自动切换至工频运行，此时未影响生产；但在故障处理时，由于变频器故障信号复归，发生工频运行状态下的机泵停机事故。事故 2 是处于变频运行状态下的机泵由于低压微机保护装置故障，引发保护装置出口动作，发生非故障停机事故。作为工变频自动切换控制电路，出现这两种停机事故是控制电路的设计存在误区造成的，需针对以上问题对电路进行改进。

1　停机原因分析

某装置机泵工变频器自动切换控制电路原理如图 1 所示。本机泵设计具备手动工变频启动运行功能，同时变频运行时，如果变频器故障则自动切换至工频运行。正常时机泵运行于变频状态，只有当变频运行回路故障时，才会选择运行于工频状态。当选择工频运行状态时（图 2），现场工变频转换开关 1SA 左转 45°，转换开关 1SA–3 与 1SA–4 接通，按下工频启动按钮 SB3，工频运行接触器 2KM 得电吸合并自保持，机泵启动并运行于工频状态。当选择变频运行状态时，现场工变频转换开关 1SA 右转 45°，转换开关 1SA–1 与 1SA–2 接通，按下变频启动按钮 SB2，变频运行接触器 1KM 得电吸合并自保持，变频运行接触器 1KM 吸合后，时间继电器 KT 得电，经延时后时间继电器 KT1（图 1）延时常开点闭合接通变频器运行命令，机泵启动并运行于变频状态。

从控制原理图（图 2）可知，发生上述非故障停机原因为：

（1）当变频器故障时，变频器故障输出接点 30C–30A 闭合，此时黄色变频故障信号灯亮，变频器故障输出继电器 1KA 得电吸合，接于变频运行控制回路 11 号点与 13 号点之间的 1KA2 常闭点断开，变频运行接触器 1KM 失电断开，机泵

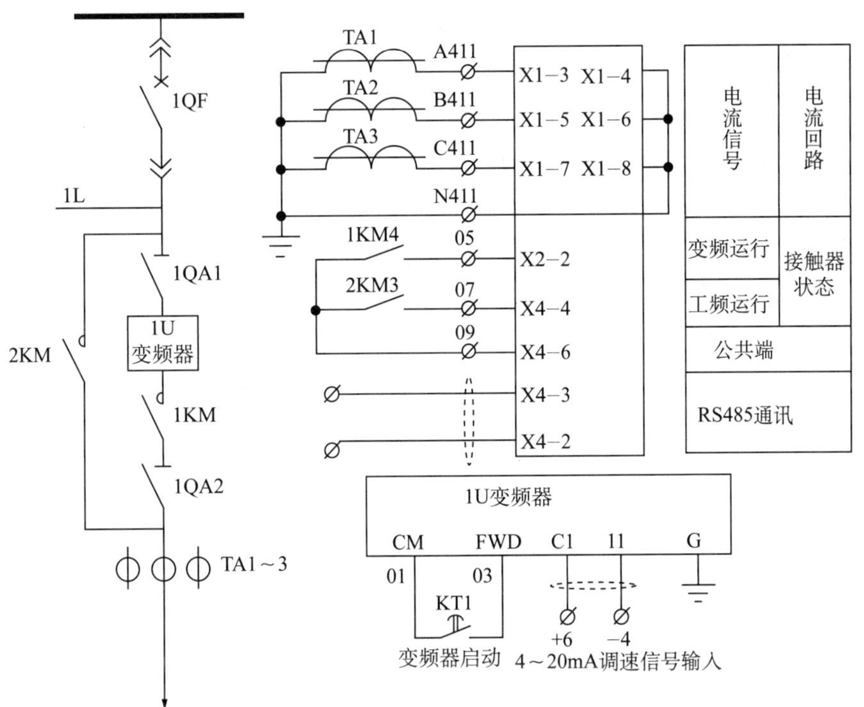

图1　一次主电路及模拟控制电路图

变频运行停止。同时接于工频运行控制回路9号点与11号点之间的1KA1常开点闭合，工频运行接触器2KM得电吸合，机泵自动切换至工频运行状态。此时如果由于维修或某种原因变频器故障信号复位，变频器故障输出继电器1KA则会失电，接于工频运行控制回路9号点与11号点之间的1KA1常开点则会断开，工频运行接触器2KM失电断开，机泵发生停机事故。

(2) 微机保护装置1LM动作出口常闭点R1接入控制电路干路1号点与3号点之间，如果1LM由于某种原因动作，其动作出口常闭点R1断开，会造成变频运行接触器1KM失电断开，从而发生停机事故。

(3) 控制电路微机保护装置1LM在机泵工频运行及变频运行状态时都起保护作用，这种设计思路是错误的。原因是当机泵处于变频运行状态时，变频器本身已具备电动机各种故障的保护功能，无须电动机微机保护再进行双重保护；当机泵处于变频运行状态时，由于变频器输出侧电流不是工频50Hz，而电动机微机保护电流采样单元基于工频50Hz设计的。在变频运行状态下，微机保护采集的电流会严重失准，不但不起保护作用，反而会酿成保护误动作，引起非故障停机，此控制电路下处于变频运行状态下的微机保护装置保护功能正常情况下需要退出保护，如果微机保护功能不退出，就会发生正常变频运行状态下，微机保护动作引发停机事故。但如果退出，则在变频器故障时，自动切换至工频运行状态时，则会使机泵失去保护功能。显然两者矛盾。

(4) 控制电路中时间继电器KT如果损坏，会造成变频器启动及运行命令丢失，从而酿成停机事故，这种情况以前曾发生过。

(5) 变频柜通风机本身故障，造成控制电源熔断器FU1熔断，因控制电路失电，从而酿成停机事故，这种情况以前也发生过。

(6) 低压微机保护装置1LM由于非正常停机故障信号动作，从而启动故障继电器2KA，接入控制电路干路3号点与5号点之间故障继电器

2KA1 接点将断开控制电路，从而酿成停机事故。

（7）由于原控制电路未设计工变频回路互锁功能，有可能造成工变频控制回路同时接通情况，从而将交流电源直接引入变频器负荷侧，从而引起变频器过流而烧毁。

（8）原控制电路未设计晃电自启动功能，一旦发生外网晃电，则会发生停机事故。

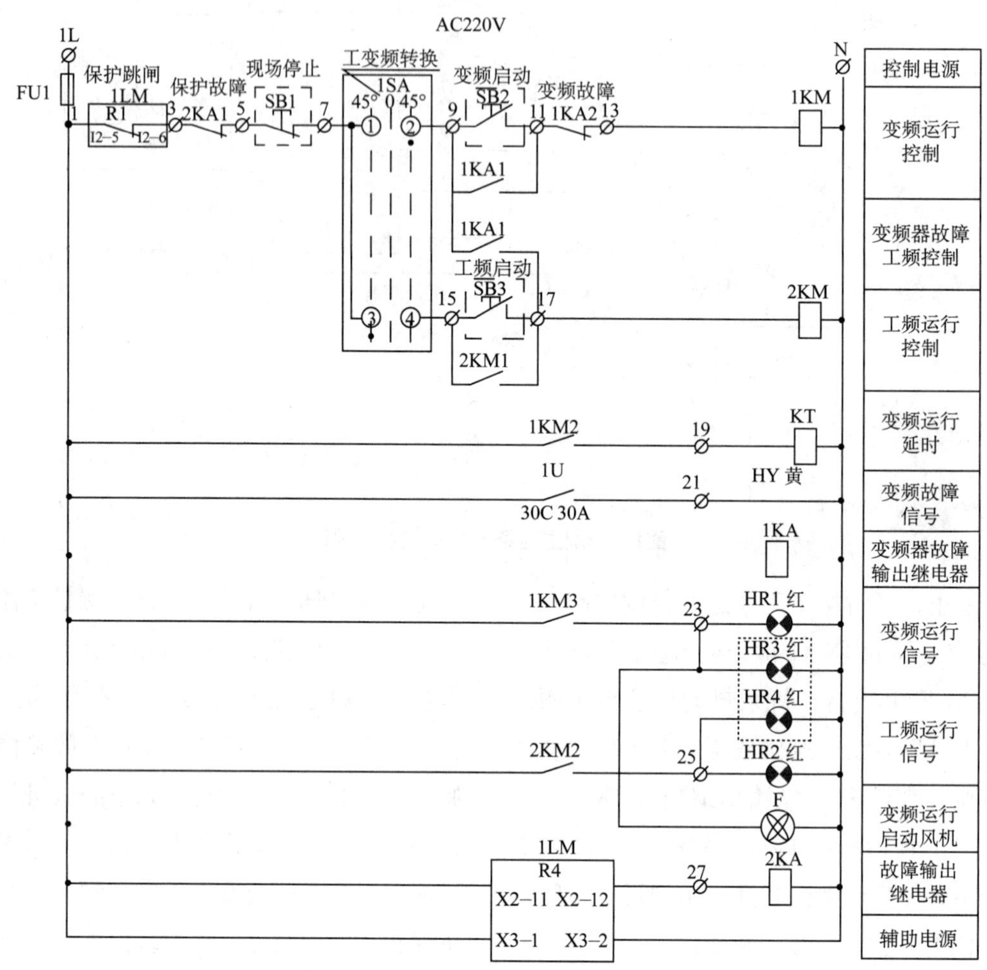

图2　工变频自动切换控制电路原理图

2　技术改进措施

只要针对上述 8 条故障原因进行技术优化改进，即可避免非故障停机事故发生。具体技术优化改进措施如下（图 3、图 4）：

（1）增加变频故障输出继电器 1KA 自保持功能，即可解决变频器由于维修或某种原因变频器故障信号复位时，发生工频运行接触器 2KM 失电停机事故。

（2）微机保护装置 1LM 只在电动机工频运行状态下起作用，变频运行状态下不起作用。将微机保护装置 1LM 动作出口常闭点 R1 由原位置移出，串接于工频运行控制回路 33 号点与工频运行接触器 2KM 线圈 35 号点之间，并用导线短接 1 号点与 5 号点。

（3）将微机保护装置 1LM 电流采样互感器 TA1–3（图 3）安装位置移到工频运行接触器 2KM 支路内，解决了微机保护装置 1LM 电流采样不准问题。此时可以正常投用微机保护功能，使电动机在变频运行状态及工频运行状态时都有保护。

(4) 目前新型变频器无须得电后延时启动，所以可取消变频器启动命令时间继电器KT，将时间继电器KT更换为变频运行扩展继电器3KA，变频器启动命令由原变频运行时间继电器KT1延时常开点改为变频运行扩展继电器3KA辅助常开点3KA3（图3）。

(5) 变频柜散热风机回路从原控制电路分离出来，增加1只1P 3A微型断路器QF，电源取至FU1上侧，改进后可彻底避免柜体散热风机故障引起主机停机事故。

(6) 原控制电路设计的微机保护故障时启动故障继电器2KA，此继电器得电常闭点断开切断控制电路停机。此设计欠妥，从改进措施2可知，一是在电动机变频运行状态时，不需要微机保护装置；二是在电动机工频运行状态时，有微机保护装置1LM动作出口常闭点R1作用于控制回路，已经实现了电动机的保护功能，再增加故障继电器2KA实属多余，所以拆除故障继电器2KA及相关电路接线。

(7) 增加工频运行接触器2KM及变频运行接触器1KM互锁功能：在工频运行控制回路17号点与33号点间串入变频运行扩展继电器3KA辅助常闭点3KA1，在变频运行控制回路13号点与31号点间串入工频运行接触器2KM辅助常闭点2KM4。

(8) 增加抗外网晃电功能：使用微机保护再启动功能，在工频运行控制回路15号点与17号点间并入微机保护装置1LM再启动出口常开点R3，实现工频运行状态下的机泵晃电自启动。变频运行状态下的机泵晃电自启动，主要在外网晃电时，变频器会发生故障停机，变频器故障输出继电器1KA得电吸合，从而自动切换至工频运行，实现变频运行状态下的机泵工频自启动。

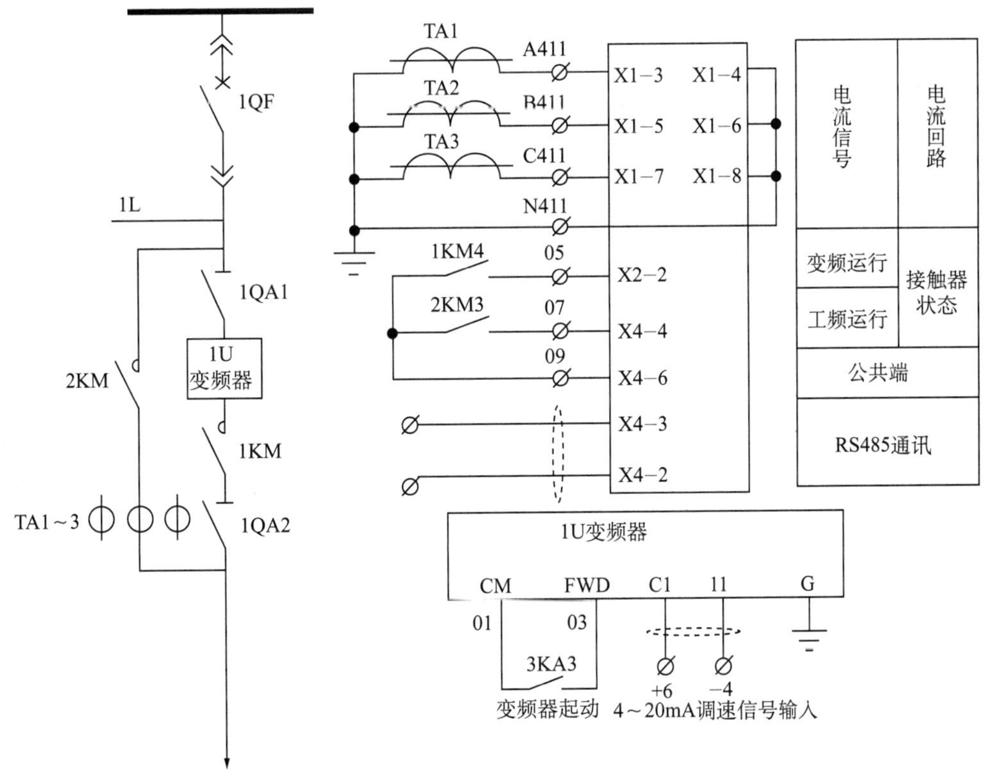

图3　优化改进后一次主电路及模拟控制电路图

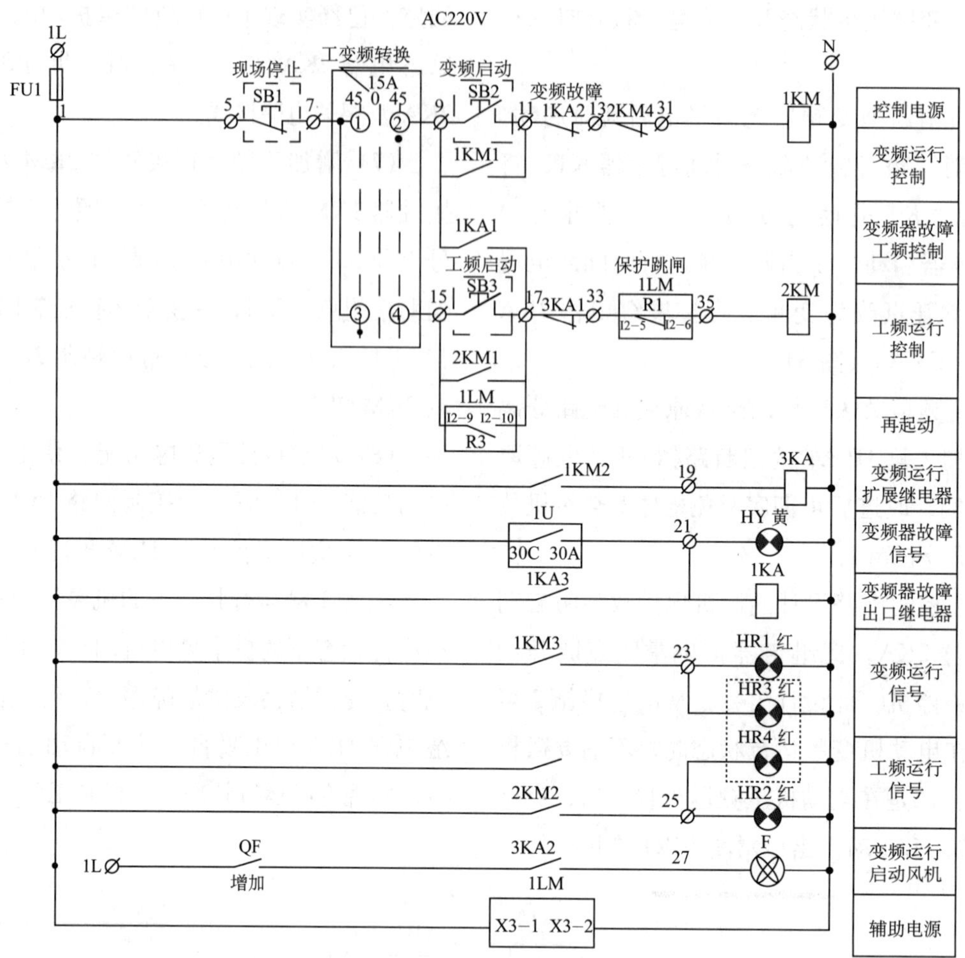

图4　优化改进后工变频自动切换控制电路原理图

通过采取上述 8 条技术改进措施，彻底避免了原控制电路的设计缺陷，既消除了引起非故障停机的各种隐患，又简化了控制电路，实现了采用工变频自动切换控制的机泵各种异常情况下可靠运行。

3　结束语

此技术优化改进措施，技术可行、可靠，改进实施方便，适用于具备工变频自动切换功能的控制电路优化改进。在解决问题时，要全面评价控制电路功能是否合理，只有消除所有的不合理设计隐患，才能彻底避免非故障停机事故发生。

（作者：林树国，哈尔滨石化分公司仪电车间，维修电工，高级技师；王健，大庆炼化公司电仪运行中心，维修电工，高级技师；崔宏鑫，抚顺石化工程建设有限公司，维修电工，高级技师；张星海，哈尔滨石化分公司仪电车间，工程师；王险峰，哈尔滨石化分公司仪电车间，高级工程师）

焊接培训中的安全风险管控

◆ 赵敬党

随着焊接技术的广泛应用，对焊接技术的要求越来越高。提高焊接技术水平最有效的途径就是焊接培训，本文通过对焊接培训中常见的“小事”进行安全风险分析，提出防护措施。

1　焊接培训中常见的“小事”

“劳保用品不齐全”“徒手更换焊条”“单手进行角向磨光机操作”“焊把钳随意摆放”“随意变更焊接位置”“焊条随意摆放”“电焊机外壳上摆放物品”“焊接操作时‘靠位’焊接”“氧气瓶、乙炔瓶不使用固定装置”“割炬当焊炬使用”“焊接电缆与胶管混放、缠绕”“焊接电缆接头随意连接”“通风不良”“焊帽漏光”“护目镜选择不当”“焊接电流调节不当”等，这些“小事”在焊接培训中随处可见。

“这是小事”“没什么大惊小怪的”“平时都是这样干的”“没有发生问题”等，当问及培训学员时，很多人都是这样回答的。他们认为这些“小事”不会影响焊接质量，更没有想到安全风险。

2　焊接培训中“小事”存在的安全风险

2.1　触电的风险

“劳保用品不齐全”“徒手更换焊条”“单手进行角向磨光机操作”“焊把钳随意摆放”“电焊机外壳上摆放物品”“焊接操作时‘靠位’焊接”“焊接电缆接头随意连接”等，这些“小事”都有可能造成触电风险。

焊接所需的热能或压力通过焊接设备转换和提供，焊接设备使用或管理不当，很容易发生触电事故。以焊条电弧焊为例，电焊机后源电压采用危险性较高的220V或380V电压，这些电压远远高于干燥条件下的安全电压（36V），所以焊机在使用前，必须进行良好的保护接地或保护接零，否则就很容易使焊机外壳带电，发生触电事故。焊机在使用过程中，如果场地潮湿、灰尘过大、剧烈震动、超负荷运行或其他人为损坏等，也很容易使焊机发生绝缘等级下降、漏电、烧损等事故。

同时，焊条电弧焊为了保证能顺利引燃焊接电弧，电焊机的空载电压高达80～90V，焊接培训人员在调整电流、改变电源二次极性、更换焊条等过程中，如果不按规定操作，也很容易发生触电事故。

2.2 有毒气体、金属烟尘的风险

“劳保用品不齐全”“通风不良”这些“小事”可能造成焊工职业病的风险。

电弧焊接中，由于焊接电弧和强烈紫外线的作用，在电气焊接区的周围空间会形成许多有毒气体（臭氧、氮氧化物、一氧化碳和氟化氢），通常臭氧较多产生在氩弧焊、等离子弧焊中；一氧化碳气体主要产生在二氧化碳气体保护焊；氟化氢气体主要产生在手工焊条电弧焊中（碱性焊条）。这些有毒气体都会影响人体的健康，长期接触会使人产生失眠、呼吸困难、全身无力、肺炎、中毒等症状。

在焊接过程中，焊接材料在焊接电弧的高温作用下被迅速熔融、氧化，并在空气中迅速冷凝，形成金属及其化合物的微粒，这些微粒在空气中形成烟尘，这些烟尘中含有有毒的锰和极毒的可溶性氟。焊工如果长期接触或防护不良，吸进过多的烟尘，将引起头痛、恶心、气管炎、肺炎，甚至有形成焊工尘肺、金属热和锰中毒的危险，有些放射性粉尘还有致癌作用，有毒粉尘的吸入还可引起全身性中毒。

2.3 弧光辐射的风险

“焊帽漏光”“护目镜选择不当”等这些“小事”可能造成弧光辐射的风险。

电弧焊时，焊接电弧一方面产生大量的高温，另一方面又产生强烈的弧光辐射。它包括强烈的紫外线、红外线和可见光，其中紫外线可引起皮炎、红斑、浮肿等，对眼睛的短时间照射就会引起急性角膜结膜炎；红外线长期接触会造成红外线白内障，使视力减退，严重时会导致失明；强烈的可见光是平时日光的一万倍以上，受到照射会有疼痛感，短时间内失去劳动能力。

2.4 火灾、爆炸、烫伤、灼伤等风险

“氧气瓶、乙炔瓶不使用固定装置”“焊接电缆与胶管混放、缠绕”“割炬当焊炬使用”，这些“小事”可能造成火灾、爆炸的风险。

熔化焊接与切割作业过程中，经常使用氧气瓶、乙炔瓶进行气焊和气割作业，由于作业中极其容易发生气体泄漏，从而发生火灾或爆炸，所以必须严格按照规定选用气瓶和焊接工具。同时，金属飞溅很容易引起烫伤、灼伤或引起火灾、爆炸等。焊接与切割试件如果不稳定，也很容易发生砸伤、挤伤等事故。

3 安全措施与防护

3.1 提升安全意识

人的意识决定人的行为。作为焊接培训教师，首先教师自己要树立安全培训意识和安全管理意识，在注重培训质量和效益的同时，要时刻提醒安全培训、规范培训。对于培训学员来说，要意识到焊接操作风险无处不在，无论是培训还是生产作业，必须严格执行安全操作规程，做到“四不伤害”。如果安全意识淡薄，就会产生麻痹大意的思想，再加上经验主义、侥幸心理等因素，出现安全事故的概率就会大幅增加。

3.2 加强焊接安全培训及管理

焊接安全培训可以使焊接操作者更好地了解、掌握焊接安全知识，是预防安全事故发生最有力的保证。但在实际培训中，许多培训学员还存在“混”的思想，认为安全培训用处不大，学习态度不端正。对于这样的学员，除培训教师严格管理之外，更要对其进行风险提示和监护，保证其安全培训。

3.3 采用正确的安全防护措施

由于焊接与切割本身的特殊性，应侧重预

防触电、火灾、爆炸、中毒、职业病等方面的安全防护。通风技术措施是消除焊接烟尘和有毒气体、改善劳动条件的有力措施；个人防护措施也是保证安全焊接的强有力手段，为了预防焊接电弧辐射，焊接时必须穿戴好工作服、鞋、帽、手套、眼镜、口罩、面罩等防护用品；钨极氩弧焊时，可以在焊枪的焊接电缆外面套一根铜丝软管来对高频电磁场进行屏蔽；用铈钨极代替有放射性伤害的钍钨棒；对于在狭小的空间内、容器内焊接，在高空、潮湿、水下等特殊环境下焊接要注意焊接设备的良好保护接地或保护接零，防止触电；对于大型焊接构件，应保证支架或焊接胎夹具的稳定性，防止机械摔伤、挤伤等。

4　结束语

“小事成就大事，细节成就完美”。只要用心留意工作中的每一件小事，每一处细节，用心一一做好，采用严格的要求标准化操作，形成良好的工作习惯，就可以将安全风险有效控制。

作为焊接培训机构，除了应为培训学员提供安全优质的培训设施和环境外，还要加强焊接培训教师自身的安全意识和安全技能，并通过恰当的培训方法，合理地融入实际培训当中，以保证焊接安全生产操作和培训。

（作者：赵敬党，辽河石油职业技术学院机电工程教研部，电焊工，高级技师）

浅谈如何减少酮苯脱蜡装置的安全气排放

◆ 边 江

1 问题描述

以往，在酮苯脱蜡装置中，用于真空密闭系统内循环的安全气，由于循环量和氧含量等因素的影响，普遍存在过剩的安全气对空排放现象。排放的安全气虽然经过了水或油的吸收处理，但气体中甲苯和丁酮等有机物的含量仍然超标。这些气体排入大气，既增加了装置的溶剂消耗，又给环境造成了一定的污染。近几年，通过优化操作方法，降低真空密闭系统的安全气循环量，以及增设后续 VOC 处理装置，对排放的安全气尾气进行无害化处理等措施，在保证把真空密闭系统的真空度和氧含量控制在指标范围内的同时，达到了减少溶剂损耗，降低环境污染的目的。

2 解决问题的具体方法

减少安全气排放的关键，是在保证真空密闭系统循环气体氧含量达标（不大于 5%）的前提下，控制好真空密闭系统的循环量和真空度。而影响系统循环量和真空度的关键因素，主要集中在对相关系统关键点的操作控制以及所用设备的完好状况和使用情况上。

循环量是指系统在真空压缩机作用下，安全气每小时经压缩机的排出量，单位为 m^3/h。系统的循环量和真空度存在以下关系：循环量大，真空度就小；循环量小，真空度就大。在实际生产中，为了确保系统的真空度，操作员经常通过向外排放安全气的方法，通过降低系统的循环量，来保证真空度满足生产需要。由此可见，减少排放量的关键，就是通过优化操作等手段，降低或保持系统的安全气循环量在合理区间内，从而达到少排放、不排放的目的。

2.1 确保过滤机转鼓表面蜡饼的覆盖均匀完整

在用的过滤机转鼓表面是真空密闭系统正、负压的主要锋切面。如果过滤机转鼓表面挂蜡均匀完整，就能减少甚至避免过滤机壳体的密闭气体（正压）直接经过滤布进入真空（负压）系统，从而确保系统的循环量不会增大。要做到这一点，首先，要控制好原料的结晶效果，从源头保证过滤机进料的结晶状态良好，稀释比正常；其次，要定期吹扫、热化过滤机的进料线和三部真空线，确保过滤机进料均匀，三部真空线畅通；再次，要保证过滤机温洗效果，温洗后的滤机要有充足的降温时间。这样就可以保证过滤机转鼓上的蜡饼覆盖均匀，且过滤效果完好，避免系统因过滤机挂蜡不均、打卷而使系统的循环量增大，从而减少安全气排放量。

2.2 调整过滤机三部真空阀的开度

过滤机的低部真空区是确保进料在转鼓挂上蜡饼的第一道工序，而中、高部真空区则是冲洗蜡饼、干燥蜡饼的区域。在正常生产中，控制过滤机低部真空阀的开度，全开中、高部真空阀，可以很好地保持系统的循环量在正常区间内。在投用过滤机时，一定要在过滤机壳体内有一定的液位时（5% ～ 10%），再依次打开低、中、高部真空阀。在确保过滤机液位不再上升的前提下，尽量控制过滤机低部真空阀的开度尽量小（图1）。这样操作可以降低在转鼓的低部真空区域形成蜡饼的过程中，正压密闭气体与负压系统的直接串入量，从而减少系统循环量的大幅波动。为了减轻过滤机耳轴的负荷，同时减少在转鼓低部真空区的正、负压能量损失，实验过滤机带液位运行（10% ～ 15% 左右），但因为稀释比、加工量等缘故，过滤机一旦带液位运行，很快就会失效。而频繁处理失效过滤机带来的波动，给生产和产品质量带来了很多负面的影响，所以现在的过滤机仍然实行低液位运行。实践证明，通过控制过滤机低部真空阀开度，不但可以有效保持系统的安全气循环量在合理区间内，在保证真空度满足正常生产需要的同时，可以减少安全气排放量。

图1　低部真空阀开度

2.3 控制各脱液罐液位

在脱蜡段和脱油段真空压缩机的出口流程上，共设有 4 个脱液罐，每个脱液罐的脱液线都与系统的负压罐相连。正常生产中，脱液罐内凝结的液体通过脱液阀，靠系统的正、负压差压到负压罐，达到排出液体的目的。在日常检查中，发现脱液罐的脱液阀经常处于常开（1/5）状态，见图 2。分析原因，无非是操作员为了减轻工作量而采取的持续脱液手段。这样的操作方式，虽然减轻了操作员日常的工作量，但在脱液罐没有液体的时候，就会造成正、负压系统直接相连，从而使系统的循环量上升，增加安全气排放量。脱液罐正确的脱液操作，应该在每次脱液后及时关闭脱液阀，做到加强巡检，发现罐内有液体，随用随开、即开即关。这种脱液方法，同样适用于对系统密闭线的脱液操作。这样既可以避免压缩机不必要的能量损耗，又可以防止因此造成的系统循环量增加，从而减少安全气排放量。

图2　脱液阀常开状态

2.4 设备的维护与合理使用

对维修后的过滤机等设备，投用前要认真做好气密检查，发现问题及时处理，确保密封部位不漏。在实际工作中，经常会出现过滤机分配盘及大盖因密封效果差而出现漏气等现象。发现这类问题，应及时上报、抓紧处理。温洗过滤机时，是判断、查找过滤机分配盘和大盖密封不严部位的最佳时机。因为过滤机进行温洗时，由于内部的温度升高，密闭压力增大，部分温洗溶剂会从泄漏点随气体带出，所以可以很容易就能判断出密封失效的部位。此外，密闭压力控制阀的使用状态也要经常检查，防止其因阀座积蜡关闭不严，而出现正、负串气现象。在吹扫、热化过滤机进料线和三部真空线以后，要逐台检查用过的蒸汽阀、切放阀是否关闭到位，也能防止因此造成的气体互串，而影响系统的循环量和真空度。

当装置提、降量操作时，要及时调整过滤机的使用台数和真空压缩机负荷，这样可以从根本上控制真空密闭系统的循环量，减少不必要的排放。

2.5 溶剂吸收罐的操作

从操作者的角度来看，溶剂吸收罐是排放安全气的最后一道屏障。为了减少排放气体中溶剂成分的携带量，一方面用装置自产的脱蜡油替代原来的循环水作为安全气排放前的吸收剂，以提高其对安全气中溶剂成分的溶解度，达到减少排放携带量的目的；另一方面，在操作中尽量做到“小补小排”，适当缩短更换吸收剂周期。从原来的每天换一次吸收剂改为现在的每班换一次吸收剂，尽可能减少排放出的安全气体中溶剂成分的含量。

3 结论

通过以上操作方法，可以有效地控制真空密闭系统的循环量，在确保系统的真空度、氧含量满足生产需求的同时，最大限度地减少安全气排放量和溶剂成分的携带量。既降低了装置剂耗，又给新增设 VOC 后续处理系统减轻了负荷，最终实现了装置生产安全环保的目的。

（作者：边江，抚顺石化公司，酮苯脱蜡装置操作工，集团公司技能专家）

大型压缩机组轴窜量检测方法及改进

◆ 赵聚运　邹　静

在炼油装置中，大型压缩机组中的压缩机多为离心式、轴流式、螺杆式，驱动机多为汽轮机、烟气轮机，此类机组结构复杂，为了保证机组长周期安全平稳运行，对机组的安装调试工作提出了严格的要求。而轴窜量检测作为整个安装工序中的重要一步，施工方法的正确性、数据的准确性更是不能有半点马虎。本文通过对大型压缩机组设备轴窜量检测方法的研究，结合设备及施工现场的具体情况，阐述了轴窜量检测方法的要点并提出了检测手段的改进方法，提高了工作效率和测量精度。

1　轴窜量的定义及检测的目的

1.1　轴窜量的定义

轴窜量是指在工作状态下，轴受外力作用沿轴线方向不可避免产生的移动量。在实际现场应用中，轴窜量体现在转子的止推盘能从主止推瓦到副止推瓦或者从副止推瓦到主止推瓦的活动距离。

1.2　轴窜量检测的目的

无论是透平还是离心机、轴流机，其转子与机身固定的推力瓦之间都有一定的间隙，间隙的大小是否合适决定了设备的运转是否平稳正常。间隙过小，会使机件因受热膨胀而卡死；间隙过大，可能会造成转子及轴瓦不正常磨损。因此，轴窜量的检测工作显得尤为重要：

（1）检验设备出厂时的安装数据是否符合要求，如果不符，则要进行现场调整，直至数据在设备随机文件的要求范围以内。

（2）在轴窜量数据符合要求的前提下，检验轴上的各部件位置与设备定子上的各部件相对轴向位置是否符合要求，如不符，则要对转子的轴向位置进行相应的调整。

（3）为轴位移探头提供数据，探头安装后检测仪表显示与实际数据的误差，并调整至两者数据同步。

2　改进前轴窜量检测方法及缺陷

2.1　检测前的准备工作

（1）检查转子止推盘的表面是否光洁平整，无划痕、磕碰等缺陷，表面加工粗糙度达到设计要求。

（2）检查转子止推盘的端面跳动值，应符合设计要求。

（3）检查推力瓦块的表面无磕碰、裂纹、脱胎等缺陷，同组瓦块厚度误差在要求范围以内。

（4）检查推力瓦块与止推盘的接触痕迹，全部瓦块都应接触均匀，接触面积达到规范要求。

2.2 检测方法

（1）安装推力瓦的下半部一侧，将转子水平吊入，止推盘靠近安装的推力瓦面缓慢落入下支撑轴瓦上。

（2）安装推力瓦下半部的另一侧及整个上半部，扣上轴承盖，紧固螺栓。

（3）在转子的外露轴端面上架设百分表，测量杆与轴平行，用以监测转子的轴向窜动量，在轴承瓦壳的端面处也架设百分表并与轴平行，用以监测轴承瓦壳的轴向移动量。轴窜量检测示意图见图1。

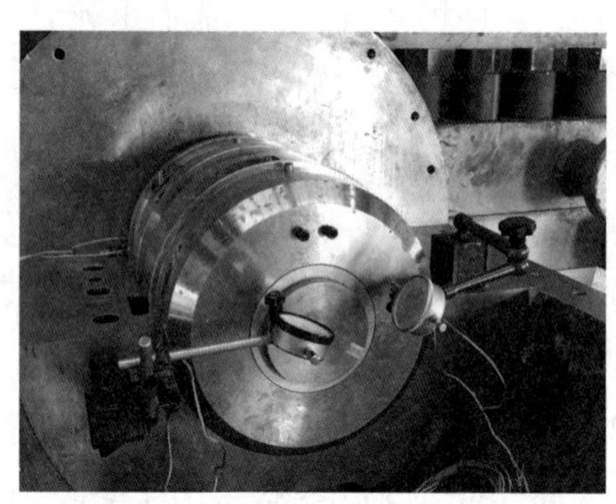

图1 轴窜量检测示意图

（4）用窜轴法检测轴窜量大小。将转子来回推向前后极限位置，极限止点位置为推力瓦的主、副推力面，转子在主、副推力瓦之间的活动总量即为转子总窜量，轴端面百分表数值减掉轴承瓦壳端面百分表数值的差值即为设备的轴窜量数值。

（5）如检测出的轴窜量数值超出要求，则要进行调整。调整轴窜量即调整止推轴承的间隙，可以用加、减止推轴承背面的调整环垫片厚度来实现，调整环最好为一片，表面光洁平整，厚度误差小于0.01mm。

2.3 检测方法的缺陷

窜轴法检测时多需采用杠杆、木方、千斤顶等辅助工具配合窜轴，或者使用人力手动盘车进行窜轴，此类窜轴法在设备散件安装时没有明显的缺陷，而在设备安装后期或者设备检修期间，设备的壳体在封闭状态下，缺陷就明显显露出来了。具体表现在：

（1）壳体封闭后来回窜动转子时，杠杆、人工盘车都没有合适的受力点，不易操作，检测的数值也就不够精准。

（2）转子总窜量测出后，在进行轴位移探头安装时，需要将转子的轴向位置调整至中间位置，壳体封闭后，转子的中间位置不易调整操控，特别是大型设备，转子重量大，中间位置更是不易调整，费时费力，误差较大，造成后期的仪表自动监控不够准确。

3 改进后轴窜量检测方法及优点

3.1 检测方法

为了提高轴窜量检测数据的准确性，针对检测方法暴露出来的缺陷，根据设备的特点，对轴窜量检测方法进行了创新改进：通过现场制作小工装，来配合进行检测工作，有效解决测量数据不够精准、操作难度大的问题。转子轴窜量检测工装示意图见图2。

（1）将转子轴窜量检测工装与设备轴承箱端面连接固定，调整工装丝杠与转子同心，为了便于安装与调整，工装上的连接孔设计成长条状。

（2）将工装丝杠与转子轴端中心的内螺纹孔连接牢固。

（3）在转子端面及轴承瓦壳端面分别架设百分表，用以监测转子及轴承瓦壳的轴向活动量。

（4）通过顺时针、逆时针方向转动工装上的

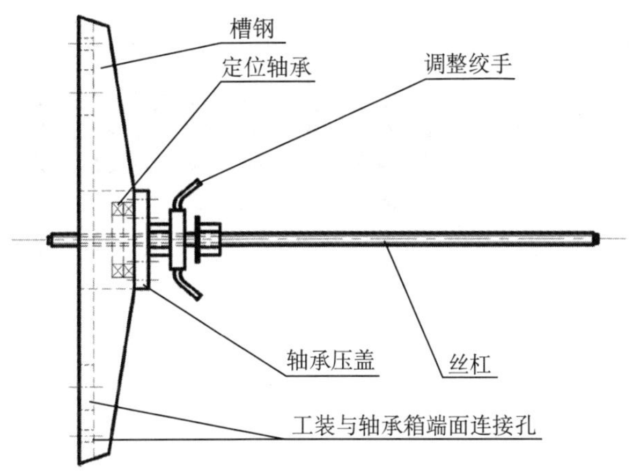

图2　转子轴窜量检测工装示意图

调整绞手，拉动或推动转子来回进行轴向窜动，通过监测的两个百分表显示的数值计算出转子轴窜量的数据大小。

(5) 工装使用时，配合百分表检测，使用力度要适当，转子到达极限位置、百分表数值不动时，不可再继续蛮力操作。

(6) 由于各种设备的轴头处的螺纹孔径大小不一，工装丝杠的前端可装配多个规格的转换丝头，一端与丝杠连接，一端与转子连接，方便适应于多种设备使用。

3.2　改进后检测方法的优点

(1) 通过使用工装进行检测，操作简单，省时省力，提高了工作效率。

(2) 测量数据准确度大大提高，对转子在轴向上的各种位置停留有很高的精准度操控。

4　结束语

大型压缩机组的轴窜量检测精度要求高，通过对检测方法的改进，使检测程序更加科学、数据更加准确，为设备在运行中的仪表自动监控提供了真实有效的数据支持，为同类设备的安装检测提供了借鉴，具有大力推广的意义。

（作者：赵聚运，中国石油天然气第七建设有限公司，钳工，高级技师；邹静，中国石油天然气第七建设有限公司，工程设备安装专业，中级工程师）

论球阀的开关限位调整

◆ 谢宗宝

球阀是管路流体输送系统中的启闭类阀件，它的主要作用是导通或截断流体通路。它的结构主要由阀体、球体、阀座、阀杆、中腔泄放口、排污口、注脂口等部件组成（图 1）。

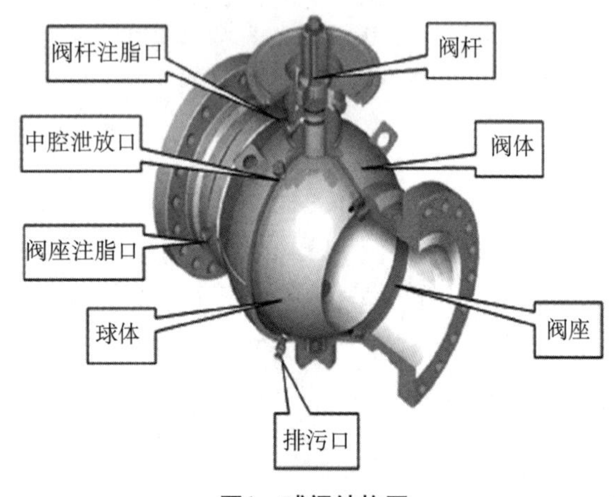

图1　球阀结构图

球阀常用的执行机构主要有：扳手、手轮、蜗轮蜗杆、液动、气动、气液联动和电动等。扳手多用于小口径球阀，中型口径球阀多用手轮、蜗轮蜗杆传动。大口径球阀一般选用液动、气动、气液联动和电动等，且常常同时具备多种驱动方式。驱动装置驱动球阀的阀杆转动，阀杆带动球体在阀体内旋转，当阀芯通孔与管道对正时，阀开启；反之，当阀杆转动 90°，阀芯通孔垂直于阀体通道时，阀关闭。

球阀的球体内径一般与管道内径相同，在全开全关位置时，阀体中腔与流体通道完全隔离，污物不易进入或积存于阀体内，故常用于清除管内污物、管道检测等清管器通过的作业控制。同时，由于其优良的关闭性能，也常用于管道检维修作业的切断控制。

为了确保这些作业安全有序进行，必须保证球阀阀体通孔与管道完全对正或垂直（即始终处于全开全关位置）。为达到这一目的，球阀一般都设置了限位调整装置，如图 2 所示。图 2（a）为手动球阀机械限位调整装置设置情况，图 2（b）为 BIFFI 气液联动球阀机械限位调整装置设置情况。电动驱动球阀，除了阀门本身设置有机械限位调整装置外，在电动执行机构上，也能够进行球阀的开关限位设置。

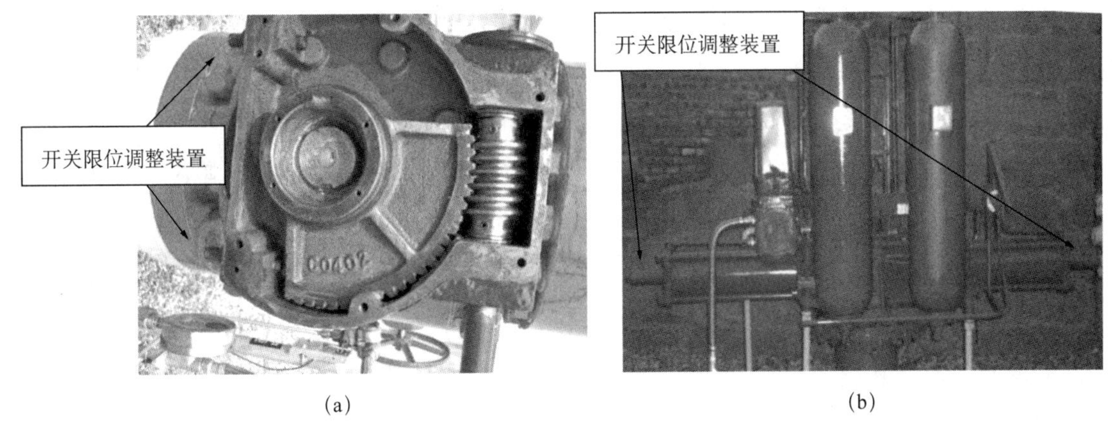

(a) (b)

图2　球阀限位装置设置图

1　球阀限位装置调整的原因

正常情况下，阀门在安装之前都进行了设置检查，尤其是球阀，在安装上线之前，必须要进行阀门全开全关位检查确认，并进行限位装置的锁定，以确保后期管输系统安全平稳运行。但是，在实际使用过程中，也会出现以下情况，如：西南地区某管段干线球阀，因为限位不准确，球阀机械显示全开，但实际处于半开关状态，导致清管通球出现卡堵，需要进行限位调整。此外，这也是GB/T 24919—2010《工业阀门　安装使用维护　一般要求》中规定的定期检查内容："检查开关限位位置的磨损或变动，以及密封面磨损情况，并及时调整限位或者更换密封圈。"

1.1　安装之前的调试未按照要求进行

GB 50540—2009《石油天然气站内工艺管道工程施工规范（2012年版）》要求："阀门安装后的操作机构和传动装置应动作灵活，指示准确。"但在实际安装施工作业过程中，由于作业人员技术能力或职业素养不足，"指示准确"往往被忽视，部分球阀的全开全关位置检查确认及锁定并未严格按要求进行。而一旦安装在线后，检测手段比较单一，非专业的验收人员又不会加以关注，导致球阀的开关限位位置与全开全关要求不符。

1.2　球阀安装后进行执行机构成套

在现场实际工作中，往往由于项目管理、物资采购、部分设备设施利旧，也或者是施工单位为了便于安装等多方面原因，导致现场球阀与驱动装置（执行机构）分开安装，部分球阀及驱动装置本身未成套，还需要加工过渡转接，这时，由于受加工转接盘时测量、加工精度、装配质量等因素的影响，无法完全保证间隙保持一样，导致阀门驱动装置的开关限位与球阀实际位置不符。

1.3　阀门执行机构的检维修、更换

在生产现场，由于使用时间久远、设备本身缺陷、不良的操作使用习惯等原因，难免造成阀门执行机构的损坏，需要进行拆卸维修或更换。维修加工零配件过程中，由于测量、加工精度、装配质量等因素的影响，无法完全保证间隙保持一样，也无法避免驱动装置的限位不发生改变，导致阀门驱动装置的开关限位与球阀实际位置不符。

1.4　现场进行了阀位随意调整

在现场的设备维护保养、维修过程中，由于操作人员、维修人员的疏忽大意或本身能力不足，在动作开始前，未进行位置标注；个别维修人员在进行阀位调整过程中，没有找到准确位置，也没有回到初始位置，就将开关限位随意锁定，引

起球阀开关位置错乱，也会导致阀门驱动装置的开关限位与球阀实际位置不符。

2 球阀限位装置的调整方法

安装在管道系统中的在用球阀，其开关限位位置的调整，利用的是球阀在全开（全关）位置时，球阀中腔与流体通道完全隔离的结构特点。即球阀在密封结构完好的前提下，当球阀在全开（全关）位置时，通过开启中腔放空阀，中腔介质能够完全排放完；否则，可能是球阀开（关）位置限制错误，需要进行调整。

如果是阀门未开（关）到位，则旋松开（关）限位定位螺钉，手动继续开启（关闭）阀门，直至最佳位置，旋紧限位定位螺钉并锁紧。如果是阀门开（关）行程过大，阀门超过实际需求的开（关）位置，则手动将阀门朝反方向运转，直至最佳位置。检查阀门开关位置正常后，旋紧限位定位螺钉并锁紧。找到球阀最佳开关位置的过程，一般需要来回反复查找，直至找到泄漏量最小的点为止。

3 球阀限位装置调整注意事项

3.1 落实安全措施

由于球阀限位装置调整过程中，需要进行球阀中腔排放检查确认，中腔介质需要排出。而石油天然气行业，管输介质多为高压、易燃易爆物品，一部分原料气中可能还含有硫化氢等剧毒物料。操作之前，务必按照管输介质的性质，制定并逐一落实相应安全防护措施和个人安全防护用品的正确使用。

3.2 确认动作阀门时，球体有转动

在调整限位过程中，需要进行手动开（关）球阀，让球体朝需要的方向转动。这个过程中，球体转动是前提。在调整过程中，现场很多操作人员只是一味观察阀位指示，而没有确认球体是否真正转动。尤其是电动球阀、埋地（带加长杆）球阀等，由于中间过渡较多，间隙难免存在，间隙的叠加，可能使得阀位指示已经动作而球体并未真正转动。这时，可以凭借操作人员手上用力大小感觉，或采用扭力扳手操作阀门，充分利用球阀在全开（关）球体完全进入阀座时，需要的力比中间行程更大的特点，来判断球体是否真正转动。

3.3 锁定限位装置

球阀开关限位装置的调整，目的是找到球阀在全开（关）位置时，球体与阀座的最佳结合部位，确保球阀全开时，球体通孔与管道对正，全关时，球体通孔垂直于阀体通道。虽不能保证每次操作都能够找到最佳位置，比如球阀阀座本身受到了严重损伤等原因，但如果找到最佳位置，则应进行最佳位置锁定。如果没有找到最佳位置，则应回到调整之初位置，并进行锁定，以免越调越乱，给后期维修带来更大困难。

参考文献

[1] 陆培文，孙晓霞，杨炯良 . 阀门选用手册 . 北京：机械工业出版社，2001：227– 230.

[2] 布赖恩 . 内斯比特（英）. 阀门和驱动装置技术手册 . 北京：化学工业出版社，2010：343–380.

[3] 周长李，曹建国，李胜利 . 阀门齿轮箱维护研究 . 管道技术与设备，2012，28（3）：28–30.

[4] 朱喜平 . 天然气管道球阀的维护及故障排除技术 . 天然气工业，2012，25（7）：102–104.

（作者：谢宗宝，西南油气田分公司输气管理处，输气工，高级技师）

周期性偏磨躺井治理效果浅析

◆ 李 峰 赵松柏 李洪禄

油田开采方式中，有杆泵采油依旧占据主流地位，但随着油田勘探技术的不断进步，各种复杂的井身结构也不断应运而生，导致有杆泵偏磨躺井问题日趋严重。本文主要针对周期性偏磨躺井的抽油井现状及存在问题进行阐述，同时从现场数据、偏磨影响因素、治理难易程度进行分析，最后针对杆柱、管柱优化，提出耐磨衬里油管防偏磨技术，以提高防偏磨治理效果，延长检泵周期。

1 现状及存在问题

1.1 现状

冀东油田采油一区现有油井 133 口，以抽油机生产方式为主。截至 2016 年底，由于偏磨躺井 175 井次，其中因杆管偏磨造成断脱、漏失井达 126 口，占比为 72%；检泵周期小于 400 天的井达 55 口，占比为 44%。因此，杆管偏磨是造成抽油机井躺井的主要原因，周期性躺井问题亟待解决。

1.2 存在问题

通过对 122 口抽油井井身结构分析，S 形、L 形井身结构占比为 87%，躺井主要以 S 形井为主，井斜角在 40° 以上的抽油机井占 60%，平均为 45.3°，平均造斜点在 650m 左右，井身结构复杂，周期性躺井治理难度较大。

2 原因分析

2.1 现场数据分析

通过对 122 口偏磨躺井数据统计整理（图 1），总结其存在两大特点：

（1）杆管偏磨多发生在中性点上下，泵上 500m 范围内；

（2）造斜段末端 300m 范围内偏磨较严重。

2.2 偏磨影响因素分析

通过对偏磨造成抽油机躺井的 122 井次统计分析，总结影响抽油机井偏磨速率的因素主要有以下几点：

（1）含水的影响，含水升高，液相转换为水包油，杆管表面转换为亲水性，杆管得不到润滑作用，摩擦系数增大，加剧偏磨。

（2）沉没度的影响，低沉没度时，发生“液击”现象，中性点上移，下部杆弯曲造成偏磨。

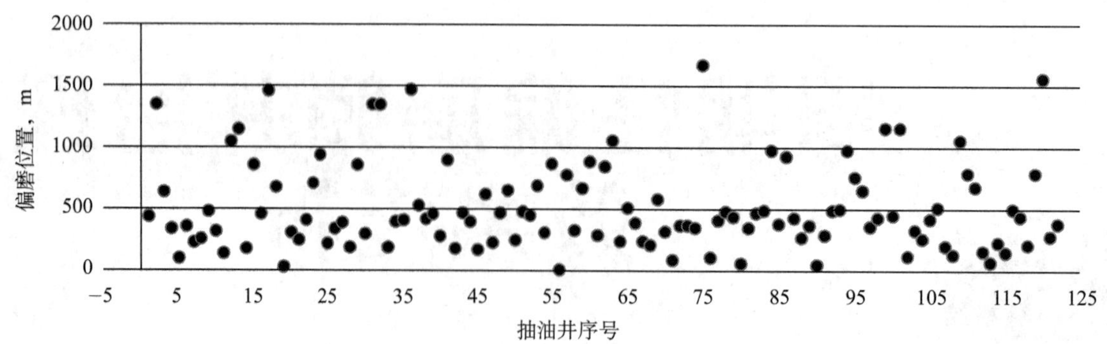

图1　泵上距离分布图

(3) 泵径的影响，泵径越大，杆柱受力越复杂，偏磨越严重。

(4) 泵挂的影响，泵挂越深，杆柱弯曲越厉害，偏磨越严重。

(5) 冲次的影响，冲次越快，偏磨次数越多，偏磨越严重。

(6) 井身结构的影响，井斜越大、井身结构越复杂，偏磨越严重。

3　治理方法

从不可控因素和可控因素进行分析，井身结构、含水变化、原油物性都是不可控因素，工作制度、杆柱结构和管柱结构都是可控因素。治理工作开展主要从制度优化、杆柱优化和管柱优化三方面入手。

3.1　工作制度优化

工作制度主要是指泵径、冲程、冲次。抽油机井工作时，抽油杆在上、下行时的受力不同。上行时，泵上液柱载荷作用在抽油杆上，杆柱基本呈直线状态，造斜点末端附近偏磨严重。下行时，抽油杆受液体对杆柱底部的浮力、泵筒液体对柱塞的上推阻力、柱塞与泵筒间的半干摩擦力等影响，易引起抽油杆的弹性弯曲，冲次越大，对抽油杆稳定性的影响越大。因此，在保证产液能力的前提下，长冲程、低冲次生产。

3.2　杆柱结构优化

可增大杆柱与管柱之间接触部分的接触面积，将线摩擦转化为面摩擦，以减缓偏磨速度，延长杆柱的使用寿命；也可提高杆柱表面的光滑程度，即降低杆柱的粗糙度，使杆与管之间的摩擦系数降低，实现减少偏磨的目的。

现场应用中，不同类别抽油杆接箍、扶正器等杆柱防偏磨工具的功能不同（表1）。

表1　防偏磨工具特点及适应性分析

序号	名称	优　点	缺点	适应位置
1	多功能扶正器	重量较轻，含可移动扶正块，降低杆管接触	质脆	全井段均可
2	滑动式扶正器	与油管曲率相同，增大与油管接触面积	质硬	一般稳斜段
3	MC 防磨蚀接箍	耐磨耐蚀合金粉末涂层，降低摩擦系数	外径小	稳斜段首段及泵上位置
4	防偏磨副	含可移动扶正块，保护狗腿度大处抽油杆	长度大	狗腿度大、杆柱应力较大位置
5	斜井杆	一根杆上 3 个扶正块	费用较高	造斜段、中性点上下

根据抽油杆接箍、扶正器等杆柱防偏磨工具的不同特点，以及油井井身机构中不同井斜、井段，确定扶正器和使用间距（表2）。

表2　不同井斜段特点及防偏磨工艺

井段	特点	方案
造斜末段	平均位置 900 ～ 1300m，末端受井斜因素偏磨严重	采用斜井杆；每 1 根抽油杆加一个多功能防偏磨扶正器
稳斜段	井斜变化平稳，位于中性点上部井段受拉应力	每 1 ～ 2 根抽油杆加一个扶正器，多功能、滑动式扶正器
中性点下部	中性点下部、受压弯曲、接箍偏磨严重	采用斜井杆；每 1 根抽油杆加一个扶正器，多功能、滑动式交替使用

3.3　管柱结构优化

可提高油管内表面的光滑程度，使杆与管之间的摩擦系数降低，以减缓偏磨。塑料内衬油管是通过改变油管结构提高油管防偏磨性能，其结构是在普通油管内嵌入一根 HDPE 管，与金属管相比，HDPE 管具有质轻、耐腐、耐磨、不生锈、导热系数低、摩擦因数低等优点。HDPE 的耐温有限，一般不超过 120℃，对下入深度有要求，其价格昂贵，有一定的局限性。

4　油井实施情况

X503 井主要生产 Ng Ⅳ、Ed1 段，最大井斜 22°，造斜点 309m，日产液 5.5t，含水 2.4%，蜡、沥青质、胶质总含量 34%。具有造斜点浅 、含蜡量高 、供液能力差、典型 S 形井身结构的特点。2012 年 5 月前运行冲次较快，之后长期处于长冲程、低冲次制度下生产，但该井经历了 4 次检泵，且均为杆断影响，各次检泵原因分析及优化方案见表 3。

表3　X503井历次检泵原因分析及优化方案

序号	检泵周期 d	下入日期	作业日期	检泵原因	原因分析	优化方案
第一次	183	2013–1–1	2013–7–3	造斜点附近杆脱，中性点以下偏磨严重	造斜点附近全角变化率大	在全角变化率大的位置增加抗弯防磨副，中性点以下采用斜井杆
第二次	295	2013–7–9	2014–4–30	稳斜段杆断脱，断脱点附近偏磨严重	稳斜段扶正间隙大	稳斜段加密扶正器个数
第三次	406	2014–5–4	2015–6–14	断脱点上移，附近偏磨严重	中性点上移	延长加重杆
第四次	357			造斜点附近杆脱		耐磨衬里油管
第五次	974	2016–6–12	2019–2–15	抽油泵游动阀磨损		

前三次设计优化取得了一定的效果，但单纯的杆柱优化技术已不能有效解决该井偏磨断脱问题。现场检查落实、井斜数据模拟，决定从管柱结构上进行改进，引进耐磨衬里油管。它具有摩擦系数低、耐磨性能好的优点，投用后效果显著；功图显示正常，应力下降明显，平均下降了 1.5 个点左右。

2017 年 2 月，因低泵效检泵，免修期 974 天，起出原井管柱发现三节柱塞密封端面均有磕碰缺痕，管柱无明显偏磨，油管使用效果较好。

5　效果及结论

针对周期性偏磨躺井的难题，通过工作制度的合理优化、杆柱和管柱结构优化选用，最终得到了有效治理，并推广应用 24 井次。

自 2017 年下半年以来，全面推广引用耐磨衬里油管防偏磨技术，共应用 53 井次，平均检泵周期 502 天，较常规生产延长检泵周期 121 天。

随着防偏磨技术水平不断提高，因偏磨造成躺井比例逐年下降。2018 年，抽油机躺井 16 口，偏磨影响造成躺井 6 口，占比 37.5%，比 2011 年下降 42%，比 2013 年下降 27%。

有效降低偏磨对油田高产稳产制约影响，延长检泵周期，需要在日常管理、作业管理、设计优化中加强提高。一是加强日常管理，控制合理的生产参数：长冲程、慢冲次；二是优化杆柱结构，合理选用多功能扶正器、滑动扶正器、斜井杆等防偏磨杆柱配套技术；三是 S 型轨迹抽油井择机实施管柱优化，耐磨衬里油管等新技术的应用；四是做好躺井原因的现场落实、原因分析及杆、管柱的优化持续工作。

参考文献

李健康，郭益军，谢文献. 有杆泵管杆偏磨原因分析及技术对策. 石油机械，2000，28（6）：32–33.

（作者：李峰，冀东油田公司南堡油田作业区，采油工，高级技师；赵松柏，冀东油田公司人事与财务服务中心，采油工，集团公司技能专家；李洪禄，冀东油田陆上油田作业区，采油工，高级技师）

连续油管钻磨桥塞遥控混配液精确化控制

◆ 蒋 涛 方福君 谢文成 徐铁军

连续油管具有尺寸小、无节箍、起下速度快、管性绕性大等特点，可实现边钻磨桥塞边冲砂连续作业，具有带压快速，高效等优势，是水平井钻磨复合桥塞的可行工艺，在整个页岩气开发过程中起着举足轻重的作用。在连续油管钻磨桥塞作业中，“高压”是个无法回避的问题，西南油气田长宁区块、威远区块钻磨过程中井口压力在35MPa以上，再加上油管摩阻，施工泵压达到55MPa以上，这给连续油管井控、管材成本控制，以及页岩气开发效率带来了严峻的考验与挑战。

通常情况下，在循环使用的井筒返排液中添加SD2-12压裂用降阻剂配置成滑溜水，以降低施工泵压。传统配液技术程序烦琐、作业量大，涉及吊车费用、液罐用电安全及现场维修等问题；而且不能精确控制配置比例，添加剂用量大、分布不均匀，施工控制受到不同程度的影响。为此，对连续油管钻磨桥塞工艺及相关设备进行设计开发。

1 连续油管钻磨桥塞遥控混配液装置的结构及原理

1.1 设计思路

研制一套连续油管钻磨桥塞遥控混配液装置，相比传统配液方式，该装置应能够满足以下要求：

(1) 配液安全便捷；

(2) 极大降低添加剂使用量；

(3) 配置液体性能稳定；

(4) 该装置不仅能手动控制，还能远程遥控，精确控制配液比例；

(5) 该装置的程序控制中，设计多种智能控制功能。

1.2 结构

连续油管钻磨桥塞遥控混配液装置主要由气动隔膜泵系统、电路控制系统、自动控制系统三大部分组成（图1）。气动隔膜泵系统气源由连油主车台下气瓶提供，可将药品泵送至泵压设备上水管汇内与清水实时混合；电路控制系统电源由泵压设备台下电瓶提供，可将气动泵工作的相关参数转化成电子信号传输至控制系统；自动控制系统完全采用自主编程设计，该系统安装在操作室电脑上，操作人员可根据不同施工工况实时调节相关参数，实施远程遥控。

图1 连续油管钻磨桥塞遥控混配液装置结构图

1.3 工作原理

自动控制系统安装在连油主车操作室电脑和笔记本电脑上，操作人员可根据不同施工工况实时设定参数，传输至电路控制系统，电路控制系统远程接收信号，按设定参数控制气动隔膜泵工作排量，并将气动隔膜泵工作的相关参数转化成电子信号传输回自动控制系统。气动隔膜泵将降阻剂泵送至压裂车上水管汇的低压通道内，按设定比例与清水混合形成降阻钻磨液，通过压裂设备泵注至井内进行钻磨作业。降阻剂实时混配装置则可完全做到“即配即用”，无须液灌及搅拌器等辅助设备则可完成混配液工作（图 2）。

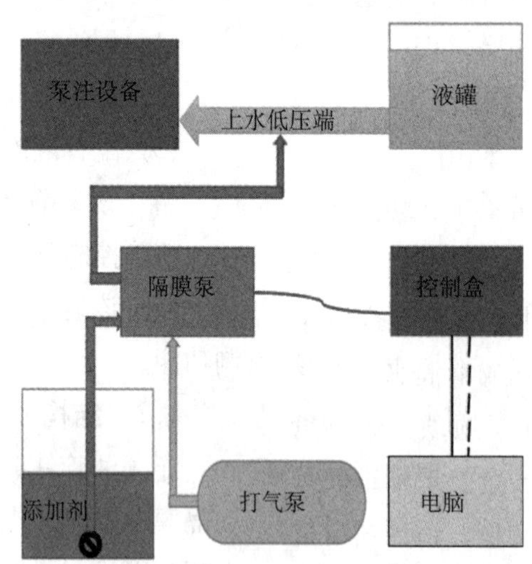

图2 连续油管钻磨桥塞遥控混配液装置原理图

2 应用效果

2017 年 5 月 20—6 月 21 日，连续油管钻磨桥塞遥控混配液装置在现场进行了验收，在威 204H10–4 井和自 203 井降阻剂与清水配置比例分别为 1.40‰和 0.87‰，降阻剂用量约为传统配液技术的 1/3，具有明显的费用优势。在 2016 年和 2017 年上半年连续油管作业公司钻磨桥塞中，采用传统配液技术，SD2–12 压裂用降阻剂实际消耗费用分别为 300.769 万元和 328.291 万元。若采用连续油管钻磨桥塞遥控混配液装置，降阻剂消耗费用将分别降至 102.694 万元和 130.648 万元，成本节约分别为 65.86% 和 60.2%。

此外，该装置能根据施工要求实时调整降阻剂与清水配液比例在 0.8‰ ~ 4‰之间，精准配液，提高了液体性能稳定性，保证了施工质量。

3 结论

该装置研制完成后，省去吊车成本、液灌配液所需用电成本、配液过程所需的人工成本等。杜绝了人员因配液而上液灌带来的高空坠落风险，因配制质量差而带来的工程事故，“即配即用”更能避免未用完的药品造成环境污染事故。在满足施工条件下配置比例较低且能精确控制在 1.00‰左右，为传统技术的近 1/3，节约降阻剂成本在 60% 以上。该配液性能稳定，便于施工精确控制，进一步提高工作效率，可广泛用于页岩气井连续油管钻磨桥塞作业。

4 改进建议

本装置经过两年的使用取得了良好的效果，但也存在不足，隔膜式气动泵系统的启停需要人工开启和关闭气源，建议下一步研制自动控制器，无须人工干预，自动控制隔膜式气动泵的工作状态。

参考文献

逢仁德 . 水平井连续油管钻磨桥塞工艺研究与应用 . 石油钻探技术，2016，44（1）：57–62.

（作者：蒋涛，川庆钻探工程有限公司井下作业公司，井下作业工，高级技师；方福君，川庆钻探工程有限公司井下作业公司，井下作业工，集团公司技能专家；谢文成，川庆钻探工程有限公司井下作业公司，井下作业工，高级技师；徐铁军，川庆钻探工程有限公司井下作业公司，井下作业工，技师）

网络RTK在石油地震勘探测量中的应用

◆ 向体刚　韦慧军　蒋　伟　刘先波

1　引言

全球导航卫星系统（Global Navigation Satellite System，GNSS）可为全球（包括地球表面和近地空间）任何地点的拥有特定装备的用户提供连续导航定位服务，目前主要包括已经建成的美国GPS、俄罗斯GLONASS，以及中国的北斗（Compass）、欧盟的Galileo等导航卫星系统。

RTK（Real Time Kinematic）技术是一种采用载波相位观测值进行实时定位的GNSS相对定位技术。它的原理是在一个已知点上架设卫星接收机作为参考站，在未知点上用卫星接收机进行定位（称为流动站），流动站在接收GNSS卫星信号的同时，也通过通信链（无线电台）接收参考站发来的差分信号，从而根据卫星数据和参考站的改正值实时解算两点间相对位置（图1）。

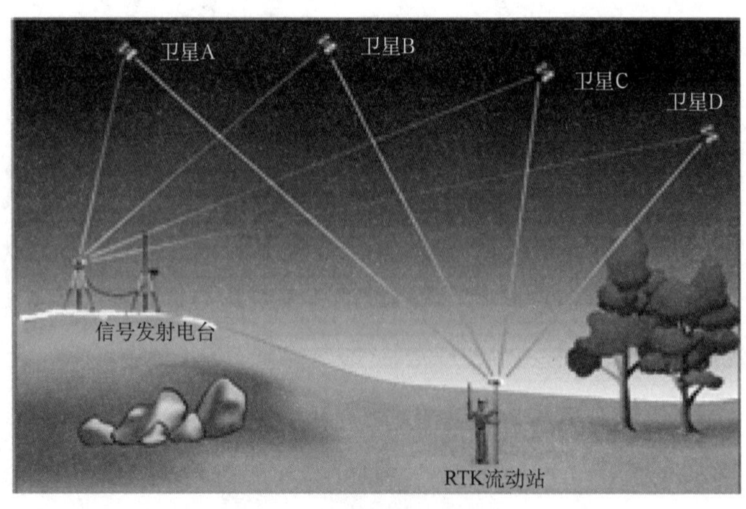

图1　RTK测量原理图

GPRS（General Packet Radio Service，通用无线分组业务）是一种基于GSM系统的无线分组交换技术，提供广域的无线IP连接。通俗地讲，GPRS是一项高速数据处理技术，方法是以“分组”的形式传送资料到用户。GPRS是目前解决移动通信信息服务一种较完美的业务，它以数据流量计费，具有租用费用低、覆盖范围广泛、数据传输速度快、不受地域制约等优点。由于采用GPRS公网平台，无须建设网络，也免去了网络维护费用。

2 现状调查

常规RTK参考站的选择一般选在地势较高、视野开阔的地方，尽可能靠近施工现场附近，要求远离大功率无线电发射源（如电视台、微波站）等有无线电台干扰的地方。但是，参考站的信号还是不可避免地会产生“盲区”，究其原因，地形的高低起伏和切割大小是其症结所在，加上参考站信号本身的衰减，致使流动站畅通接收信号受阻，严重影响测量施工进度。

随着中国移动GPRS通信网络的高速发展，4G网络的传输速度越来越快，为网络RTK在石油地震勘探测量中的应用开辟了广阔的前景。在移动通信公司的GPRS业务平台上构建RTK数据链的传输，具有可充分利用现有网络、降低人工成本的优点。

GPRS的传输方式改变了传统的测量施工方法，它是利用移动公司的平台，通过连接到Internet，参考站将其所获得的改正数发送到网络服务器上，流动站通过访问网络服务器从而获得改正数，达到相对定位的目的。GPRS通信模块是新一代测量仪器的辅助设备，其功能是代替数据电台的传输方式，利用GPRS网络完成参考站与流动站之间的数据传输。

3 施工方法

数据可靠性的检验：采用RTK复测法，复测不仅检核仪器中各项参数输入是否正确，也是评定物理点放样精度的指标之一。在通过网平差布设的控制点上架设一个网络参考站，流动站到另外一个控制点或已经通过验证合格的物理点上进行复测检核，复测的方法以SY/T 5171—2011《陆上石油物探测量规范》为依据，复测的较差符合规范要求后方可进行施工测量。经过多次验证，网络RTK的精度完全能达到规范的要求。因此，采用网络RTK在每次施工前，都要严格进行复测校核，检验仪器参数和放样点的正确性，达到既符合行业操作规范的要求，又方便野外施工的目的。

在合川三维地震勘探中使用网络RTK，主要是以补测激发点为主，在没有补测的时候进行正常施工测量，同时对常规RTK施测的物理点进行质量交叉检查，达到全面推广使用网络RTK的目的。在施工过程中，物探公司采集事业部，通过常规RTK对网络RTK施测的物理点进行抽查检核，共检查350个物理点，其平面位置最大为0.39m，高程较差最大为0.26m，该限差在允许误差范围内，符合规范的要求。

在2020年四川盆地川西北部龙门山断褶带枫顺场线束三维的无人区里，进行了大量的实践和应用。让中继站与流动站之间的通信得到了保障（另一项技术），使地震勘探测量在高大山区也能开展网络RTK测量工作。取代了常规RTK施工，测量施工进度提前了15天。

4 经济效益

与常规RTK相比，网络RTK在2020年四川盆地川西北部龙门山断褶带枫顺场线束三维地震勘探项目中的应用，产生了较大的经济效益。

常规RTK需要投入参考站6台，操作人员12人；中继站12套，操作人员24人；参考站（中继站）车辆3台；流动站48台，操作人员192人，流动站车辆16台。

网络 RTK 只需要投入参考站 1 台，不需要专门人员照看，内业资料处理人员就可以值守。中继站 6 套，操作人员 12 人；中继站车辆 2 台；流动站 48 台，操作人员 192 人，流动站车辆 16 台。

通过使用对比，可以节约仪器设备 5 台，中继站 6 套，中继站车辆 1 台，操作人员 25 人。车辆的费用为 500 元 /d，人工成本 200 元 /d，按节约工期时间 15d 计算，参考站和中继站可以节约车辆及人工成本费用 8.25 万元。流动站节约 15d 时间，可以节约车辆及人工成本费用 74.4 万元，合计 82.65 万元（表 1）。

表1　设备和人员投入情况对比表

<table>
<tr><th colspan="3">常规 RTK</th><th colspan="3">网络 RTK</th><th rowspan="2">节约设备</th><th rowspan="2">节约人员</th><th rowspan="2">节约时间</th><th rowspan="2">节约费用（人工）</th><th rowspan="2">节约费用（车辆）</th></tr>
<tr><th>项目</th><th>台数</th><th>人数</th><th>项目</th><th>台数</th><th>人数</th></tr>
<tr><td>参考站</td><td>6</td><td>12</td><td>参考站</td><td>1</td><td>0</td><td>5</td><td>12</td><td>15</td><td rowspan="3">75000 元</td><td rowspan="3">7500 元</td></tr>
<tr><td>中继站</td><td>12</td><td>24</td><td>中继站</td><td>6</td><td>12</td><td>6</td><td>12</td><td>15</td></tr>
<tr><td>参、中车辆</td><td>3</td><td>3</td><td>参、中车辆</td><td>2</td><td>2</td><td>1</td><td>1</td><td>15</td></tr>
<tr><td>流动站</td><td>48</td><td>192</td><td>流动站</td><td>48</td><td>192</td><td></td><td></td><td>15</td><td rowspan="2">624000 元</td><td rowspan="2">120000 元</td></tr>
<tr><td>流动站车辆</td><td>16</td><td>16</td><td>流动站车辆</td><td>16</td><td>16</td><td></td><td></td><td>15</td></tr>
<tr><td colspan="11">人工成本 200 元 /d　　车辆 500 元 /d
总计节约：826500 元</td></tr>
</table>

5　技术效益

5.1　网络 RTK 可以合理设计勘探测线

施工设计是地震勘探的灵魂，网络 RTK 可以设置电子围栏，实地确定障碍物的准确位置以及规模大小，进行避开障碍设计，为地震勘探设计提供依据，使施工设计与施工组织更加准确有效和更有针对性。

5.2　网络 RTK 可以实时指导野外生产

在进行地震勘探施工作业时，必然会遇到城镇、水库、陡崖、滑坡、河流、湖泊、输气（油）管线等有安全隐患的地段。通过网络 RTK 实时回传的数据，结合高精度卫星图片，室内可以实时指导野外生产作业，避开障碍物和危险源，合理选择接收点和激发点，保障人身及设备的安全。

6　结束语

网络 RTK 测量技术具有方便快捷、精度高、操作简便、可以全天候作业等优点，提高了生产效率，观测结果精度和可靠性都很稳定。经过验证，此项技术能完全适用于野外生产，因此，将其广泛应用到石油地震勘探测量中，可以提高施工效率，节约测量施工费用。

参考文献

[1] 徐绍铨，张华海，杨志强，等 .GPS 测量原理及应用 . 武汉：武汉测绘科技大学出版社，2003.

[2] 朱亮濮 . 遥感地质学 . 北京：地质出版社，1994.

[3] 阎世信，刘怀山，姚雪根 . 山地地球物理勘探技术 . 北京：石油工业出版社，2000.

（作者：向体刚，东方地球物理勘探公司西南物探分公司，石油物探测量工，高级技师；韦慧军，东方地球物理勘探公司西南物探分公司，石油地震勘探工，高级工；蒋伟，东方地球物理勘探公司西南物探分公司，石油物探测量工，高级工；刘先波，东方地球物理勘探公司西南物探分公司，石油物探测量工，技师）

班组生产工作过程中防止发生意外事故的控制措施

◆ 马向荣　马玉新　方智骁　卫乘莉

班组作为石油企业生产的基本单元，班组人员对生产的全过程起到决定性的作用，特别是生产中人员、工作范围的变化，现场交叉作业，现场流程切换，机泵、电气设备维修，脚手架登高作业，清洗拆卸塔盘，设备吊装等，如果发生突发情况，将可能导致生产停工，甚至造成安全事故，如意外碰伤、高空坠落砸伤、中毒、窒息、电击等，因此需要对这些变化的情况及时加以识别、控制，做出相应的应急防范措施，以安全事故的发生。

1　人员管控不到位，会增加突发事故的概率

在生产作业现场，如果有非工作人员进入工作区域，或者有其他岗位业务人员参与进来工作，他们如果对现场工作的情况没有完全掌握或不完全清楚，对工作内容的细节、现场的风险危害因素以及应急防范措施没有系统地了解，没有做到应知应会，就可能引发作业流程的中断或引起安全事故。例如，在电动机维修过程中，新进入现场的工作人员对现场情况不清楚，突然供电，会造成工作人员电击事件发生。

避免意外情况的发生，就要求班组在生产过程中，严格控制现场人员的进入，对于必须进入现场的工作人员，要做到熟知工作现场情况、作业内容、可能发生的危害以及应急防范措施，才能确保不发生意外事件。

2　交叉作业现场不知情，存在意外风险

针对工作中的交叉作业，即多个班组在同一区域进行不同作业，如果各班组不对交叉作业或周围其他作业进行交底，没有相互告知风险，就有可能发生意外事故。例如，不同班组在同一作业区域内进行高处作业、模板安装、脚手架搭设拆除时，如果不严格控制作业现场，其他班组人员通过作业区域时，可能导致高空落物砸伤人员的事故。

针对交叉作业，各班组应充分考虑对方工作的安全影响。在施工作业前对施工区域采取全封

闭、隔离措施，设置安全警示标识、警戒线或派专人警戒指挥，防止意外事故发生。对于同一区域内的施工用电作业，各班组必须做好用电线路隔离和绝缘工作，互不干扰。敷设的线路必须通过对方工作区域时，应事先征得对方同意，同时应经常对用电设备和线路进行检查维护，发现问题及时处理。

3 突发事件后现场确认不当造成风险

在班组生产工作过程中会遇到很多突发情况，如大风、闪电、停电、紧急停产停车，在处理完这些突发情况，重新开始工作前，

对现场不进行全范围、全方位的检查，对工作环境、现场情况没有进行重新检查确认，原有的工作环境、现场设备、物料等情况发生变化；导致人员或设备重新处于危险状态。例如，在夏季暴雨过后，容易导致地基塌陷，重新进行脚手架高空作业时，不对原有工作现场再检查确认，容易导致脚手架因为地基塌陷而发生倒塌事故。

对于突发情况，班组工作人员要及时检查识别，确定现场、设备都达到安全状态，方可继续工作。

4 班组工作范围突然变动，存在意外风险

每一项工作都有一个具体的工作范围，工作前都进行了相关的危险辨识，有应急防范措施。如果要超越原工作范围，若不及时暂停工作，告知风险危害，制定应急防范措施，可能导致在超范围工作中发生意外事故。例如，在检修中，完成塔盘的拆卸后，要进行塔体的冲洗，若不对清洗现场进行确认，贸然实施清洗，如有工作人员没有出塔或杂物的清除没有完成，有可能会造成人员伤害或杂物堵塞事故。

对于工作范围变化，要在变化前进行危害因素辨识，确定控制措施，达到施工条件后方可进行作业。

5 班组人员意外暴露控制不到位，发生风险

班组人员暴露在有危险的环境中，如辐射、易燃、易爆、有毒气体、高温、冰冻、大风环境，个人劳保护具穿戴不齐全或不正确，可能导致中毒、窒息、中暑、被高处落物砸伤等事故。

因此，班组在进行暴露作业时，要严格按照作业控制规定，对暴露状态、条件进行识别，针对不同条件、不同状态，确保防护保护措施到位。

班组的工作安全，是企业发展的根本保证。班组在工作前、工作中，应对以上的五个方面存在的变化情况应及时识别和控制，制定切实可行的应急防范措施，避免安全事故发生，确保安全生产。

（作者：马向荣，长庆油田长北作业分公司，采气工，高级技师；马玉新，长庆油田长北作业分公司，电工，高级技师；方智骁，浙江油田西南采气厂，采气工，高级工；卫乖莉，浙江油田西南采气厂，采气工，中级工）

前置式游梁平衡抽油机横梁轴承螺栓锈蚀的危害与预防

◆ 张　军

前置式游梁平衡抽油机已经成为节能型游梁抽油机的主导机型，在油田现场应用广泛，主要有调径变矩游梁平衡抽油机和悬挂偏置游梁平衡抽油机两种机型。近年来，陆梁油田先后发生了多起抽油机失载造成横梁轴承座与游梁连接螺栓断裂以及轴承座拉裂导致的横梁连杆整体结构脱落砸毁井口事件，造成重大的经济损失。在调查分析原因的过程中，发现横梁轴承座与游梁固定螺栓锈蚀产生的紧固性差异危害极大。

1　前置式游梁平衡抽油机

1.1　调径变矩游梁平衡抽油机

调径变矩游梁平衡抽油机（图 1）的结构是在常规前置式游梁抽油机的基础上变化而来的，不同之处是：曲柄无配重，在游梁尾部加长吊臂和后配重箱实现游梁平衡。该机采用调径变矩纯下偏平衡的原理，在游梁尾部采用可变角度吊臂和配重箱，通过改变变径销直径，调节配重箱平衡力臂长度，使平衡扭矩变化曲线最大限度地吻合负载扭矩曲线，从而得到平稳、低峰值的净扭矩曲线，降低减速器和电动机的额定扭矩，使游梁承受全部负载，其他运动件只承受负载与平衡力之差，有利于延长抽油机使用寿命，提高承载能力。

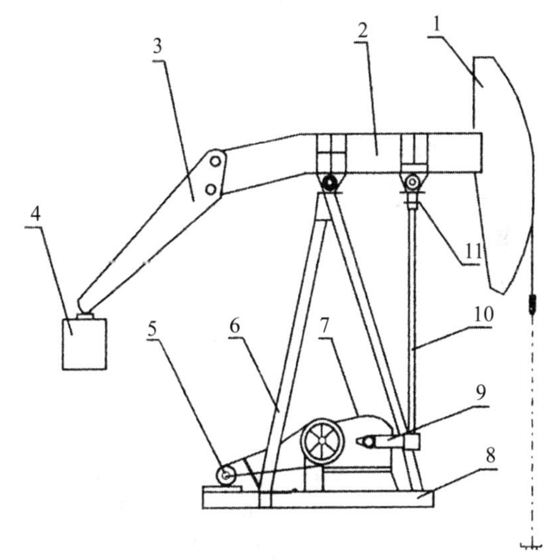

图1　调径变矩游梁平衡抽油机

1—井口驴头；2—游梁；3—吊臂；4—后配重箱；5—电动机；6—支架；7—减速器；8—底座；9—曲柄；10—连杆；11—横梁

1.2　悬挂偏置游梁平衡抽油机

悬挂偏置游梁平衡抽油机（图 2）与常规前置式游梁抽油机的运动部件基本相同，其不同的是：曲柄上无平衡块，在游梁后端装有后驴头，后驴头是构成变矩平衡的主要构件之一，整机结构特点像一架天平，一端是抽油载荷，另一端是平衡配重载荷。后驴头与游梁下腹板间设置抬头变径装置，弧面上挂易调平衡配重装置，尾端通过芯轴串装有杠铃式偏置配重装置。

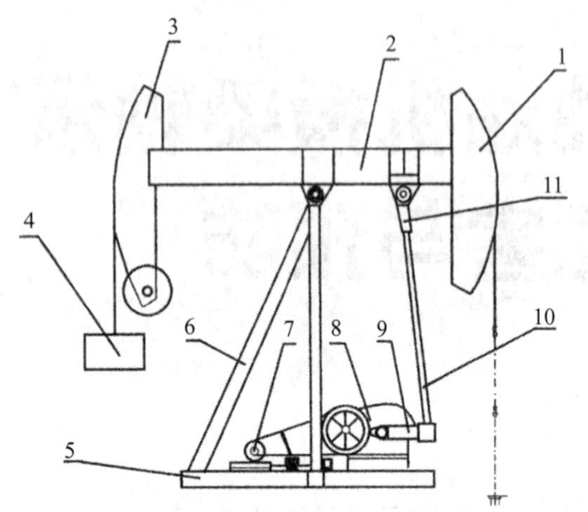

图2　悬挂偏置游梁平衡抽油机

1—井口驴头；2—游梁；3—后驴头；4—后配重箱；5—底座；6—支架；7—电动机；8—减速器；9—曲柄；10—连杆；11—横梁

1.3　横梁轴承座

横梁轴承座是连接抽油机游梁与横梁的关键连接部件，曲柄围绕减速箱输出轴做圆周运动，通过曲柄销轴承、连杆、横梁与轴承座带动游梁做上下往复运动。4条固定螺栓将横梁轴承座与游梁紧密连接，螺杆穿过游梁加强隔板形成的腔体与横梁轴承座，上下分别安装紧固螺母与止退螺母。

2　螺栓锈蚀及危害

2.1　螺栓锈蚀

抽油机长期野外运转，在近几年设备维护保养过程中发现，抽油机横梁轴承座与游梁连接螺栓的下部锈蚀严重，锈蚀的螺栓无法紧固到位（图3）。螺栓的上半部分完好如新，而下半部分存在严重的锈蚀现象。虽然抽油机使用的螺栓出厂前都进行了防锈处理，但随着时间的推移，即便是在沙漠干旱少雨雪地区，也会发生螺栓下半部分的严重锈蚀。

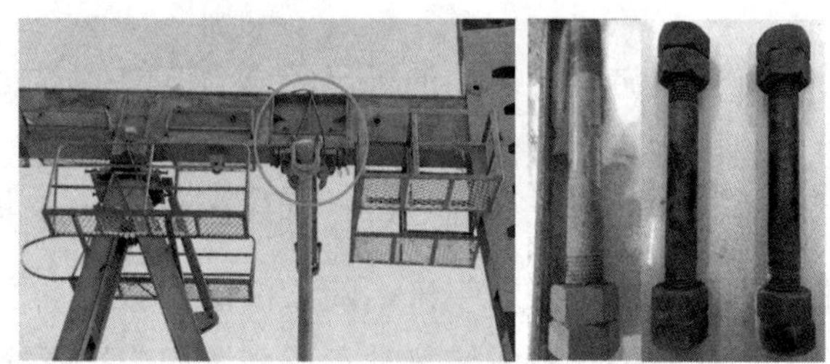

图3　横梁轴承座及下部锈蚀螺栓

横梁轴承座与游梁连接螺栓安装在游梁隔板与加强板之间形成的相对密封空间（图4），雨（雪）水从螺栓顶部的缝隙渗入（图5），没有通道流出，使螺栓的下半部分浸于水中产生氧化反应导致锈蚀。

图4　横梁轴承座与游梁连接部位

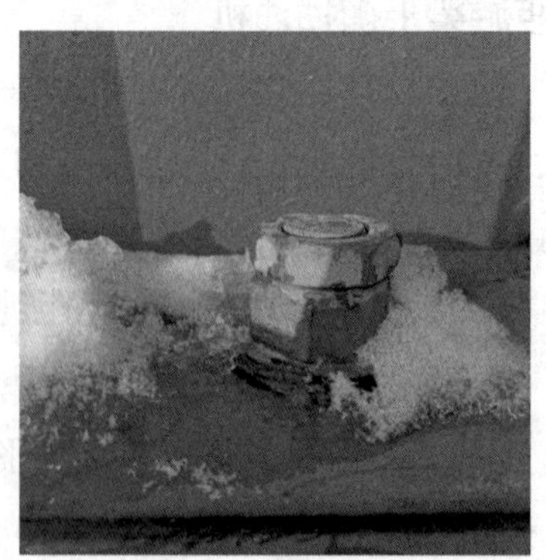

图5　游梁积雪与紧固螺栓

2.2　螺栓锈蚀危害

由于横梁轴承座所处位置高且较难紧固，螺栓锈蚀的部位被遮挡，只有拆卸后才能发现。在抽油机运转过程中因交变载荷、震动等因素影响，各连接部件容易产生松动。螺栓锈蚀的隐蔽性产生的紧固差异被忽视，每条螺栓承载的力不同，致使横梁轴承座与游梁的连接螺栓不能达到连接紧固要求，引发各类断裂故障，成为抽油机运转的安全隐患。

3 案例

3.1 案例一

2014 年 11 月，一台 CYJSQ12–5–53HY 型抽油机发生横梁轴承座螺栓断裂事故（图 6），由自动化监控发现载荷异常后停机报警。发生事故抽油机为前置式游梁平衡型抽油机，横梁轴承座与游梁连接螺栓为 M48 × 470 双头螺栓。4 条螺栓断裂端面的位置不同，断面平整，无明显缩径现象，其中两条螺栓有内外两层断面；均存在螺栓下部螺杆及螺帽锈蚀现象，说明横梁轴承座的 4 条连接螺栓的紧固程度有所差异。

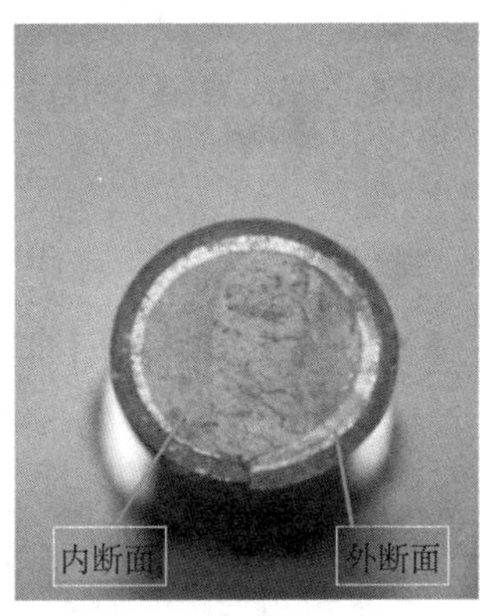

图6 CYJSQ12–5–53HY型抽油机横梁轴承座断裂及断裂螺栓断面

3.2 案例二

2017 年 12 月，一台 CYJQ12–5–53HY（Ⅱ）型抽油机发生横梁轴承座断裂事故（图 7），由自动化监控发现载荷异常后停机报警。发生事故的抽油机为前置式游梁平衡型抽油机，横梁轴承座与游梁连接螺栓为 M27 × 330 双头螺栓。横梁轴承座拉断，两条连接螺栓断裂，另两条连接螺栓与断裂的轴承座依旧固定在抽油机游梁上。螺栓下部螺杆及螺帽同样存在不同程度的锈蚀现象，进一步说明横梁轴承座与游梁的 4 条连接螺栓的紧固程度有差异 。

图7 CYJQ12–5–53HY（Ⅱ）型抽油机横梁轴承座断裂及断裂轴承座

3.3 案例三

2013 年 5 月，在修后井挂抽操作过程中发生一起横梁轴承座断裂事故。发生事故的抽油机为 CYJQ12–5–53HY 型抽油机（图 8）。抽油机横梁轴承座拉断，4 条与游梁连接的螺栓 3 条断裂，螺栓断裂端面的位置不同，螺栓下部螺杆及螺帽锈蚀严重，剩余 1 条螺栓与断裂的 1/4 轴承座留在游梁上。

图8　CYJQ12–5–53HY型抽油机事故及留在游梁上的断裂轴承座

3.4　案例四

2013 年 6 月，在修后井挂抽操作过程中发生一起横梁轴承座断裂事故。发生事故的抽油机为 CYJQ12–5–53HY（Ⅱ）型抽油机（图 9）。抽油机横梁轴承座拉断，其中两条断裂螺栓端面有明显的缩径现象，连接螺栓断裂端面的位置不同，螺栓下部螺杆及螺帽锈蚀严重。

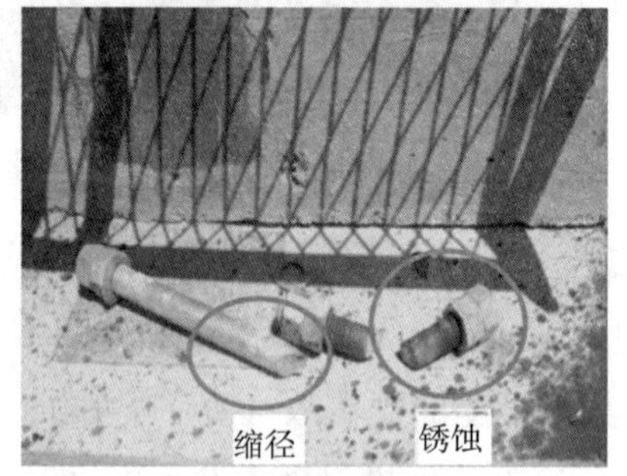

图9　CYJQ12–5–53HY（Ⅱ）型抽油机事故及断裂螺栓

案例三与案例四中发生事故的两台抽油机横梁轴承座与游梁连接螺栓均为 M27 × 330 双头螺栓。两台抽油机轴承座全部拉断，连接螺栓断裂端面的位置不同，螺栓下部螺杆及螺帽锈蚀严重，说明横梁轴承座与游梁的 4 条连接螺栓紧固程度也有差异。

上述案例说明：横梁轴承座与游梁的连接螺栓锈蚀后造成的紧固程度差异在抽油机生产过程中或井口一侧失载时引起横梁轴承座固定螺栓断裂（轴承座拉裂），导致横梁连杆整体结构脱落砸毁井口，甚至可能造成人员伤亡事故。而在现场生产过程中不易被发现，容易被忽视。

4　对策思路

据统计，陆梁油田近年发生多起抽油光杆上部断脱故障及光杆卡子滑脱故障，发生上述故障的抽油机均未发生横梁轴承座、横梁、连杆、曲柄销及曲柄系统部件拉断的现象。抽油机恢复生产后未发现异常，一直处于正常生产状态。这说明不是所有的失载都会拉断连接螺栓及横梁轴承座，前提是必须保证各连接部位的螺栓紧固到位。

上述案例充分说明横梁轴承座与游梁的连接螺栓锈蚀所产生的危害性，研究可靠的实施对策迫在眉睫。

4.1 确保横梁轴承座螺栓预紧力

在抽油机保养维护过程中，定期检查横梁轴承座与游梁连接螺栓的锈蚀状况，要求维护保养人员使用扭矩扳手进行紧固作业，消除横梁轴承座与游梁连接螺栓紧固程度差异。对使用超过一定年限的螺栓进行应力检测，达不到应力要求和紧固要求的螺栓应强制报废。对于锈蚀程度不严重的螺栓及时除锈防腐，进行调头使用，以提高连接螺栓的预紧力及承载强度。

4.2 消除螺栓锈蚀

4.2.1 预防雨（雪）水

通过螺栓上半部分完好如新，而下半部分存在严重锈蚀现象这一规律，垫高垫平连接螺栓上部螺帽下端面，可采用金属平垫片加金属胶黏剂的方式，封堵雨（雪）水渗入的缝隙，消除氧化反应的环境。将安装螺栓的游梁隔板与加强板之间形成的密封空间利用电钻在游梁两侧对称开孔（图 10），利用空气对流的原理与沙漠地区干燥的自然环境使空间内保持干燥，也可达到防锈效果。

图10 游梁两侧对称开孔

4.2.2 研制不积水的螺杆

在保证螺栓强度不降低的前提下，在螺杆上开设略高于螺纹牙底深度的通槽 2 ~ 3 道，使雨（雪）水不会积存，减少氧化反应的时间（图 11）。同时，需要提高抽油机关键部位连接固定螺栓的防锈防腐性能和抗拉强度等级，从配件材料的源头上进行预防。

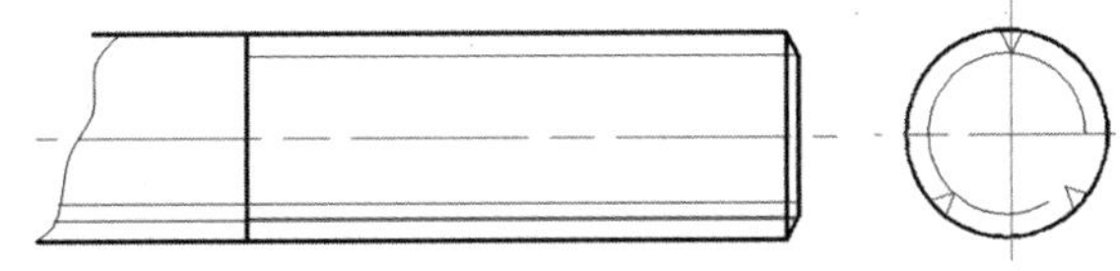

图11 开通槽不积水的螺杆示意图

4.3 规范卸载挂抽操作

由于前置式游梁平衡抽油机采用了纯游梁平衡，修井前卸载和修井后挂抽作业操作规程与常规游梁式抽油机有所不同，为了保证作业时的安全，必须严格按照《双驴头（调径变矩Ⅱ型）抽油机悬点摘挂负荷安全操作规程》进行操作。

（1）因机型不同，各油田可根据实际条件和具体情况相应调整操作规程，确保操作人员人身和设备安全。

（2）如油井载荷较大，卸载、挂抽过程中启动或停机困难，则需使用吊车辅助作业，以保证作业安全。

（3）正常生产的抽油机必须注意后驴头下死点位置配重箱底面与托架顶面的距离（图 12）。应在托架顶面放置一定厚度的胶质或木质垫块，保持合适距离，防止出现失载情况时，卸去后配重的惯性冲击力，减小对抽油机设备的损伤。

图12 配重箱与托架间距

5 结论

前置式游梁平衡抽油机横梁轴承座与游梁连接螺栓是关键的连接紧固部位，螺栓锈蚀问题需引起高度重视。实践说明，不是所有的失载都会拉断连接螺栓及横梁轴承座，前提是必须保证各连接部位的螺栓紧固到位。这就要求规范抽油机设备维护保养过程中的紧固作业，对关键部位使用扭矩扳手进行紧固，细化维护保养过程中对于重点连接部位的检查与维护，改变现行的粗放保养方式。严格按照相关操作规程操作，杜绝违章操作，并采取相应的保护及预防措施实现安全生产。

参考文献

[1] 程国胜，宇富平，刘克强，等 . 悬挂偏置式游梁抽油机的失载问题与对策探讨 [J]. 内江科技，2003（6）：44–45.

[2] 张学鲁，罗仁全，玉山音，等 . 悬挂偏置式游梁抽油机的研究 [J]. 石油矿场机械，2003，32（04）：27–29.

（作者：张军，新疆油田公司陆梁油田作业区，采油高级技师，集团公司技能专家）

水平井油管钻磨桥塞过程中问题分析及对策探讨

◆ 田 军 王国锋 吴 简 何 炜

水平井钻磨桥塞技术作为水力泵送桥塞细分切割体积压裂工艺一项不可或缺的配套技术，近年来在长庆区域低渗透致密油开发中不断应用。国内的钻磨桥塞作业最初采用连续油管进行施工，连续油管作业带压、连续、快捷的特点，尤其适合“工厂化”作业。随着连续油管水平井钻磨桥塞作业井次逐渐增多，其局限性也逐渐暴露：连续油管设备购置费用高，不便于推广；连续油管作业动用设备多；连续油管设备使用成本高、连续油管寿命有限、作业风险大；部分山区道路限制了连续油管设备的使用；连续油管钻磨工具管径小、加工工艺复杂、加工成本高等。因此，国内多家油田开展了油管钻磨桥塞工具及工艺技术研究。本文主要结合致密油压后钻磨复合桥塞过程中，返排液量大、砂量大、桥塞多、水平段长等特点，分析水平井油管钻磨桥塞技术目前存在的问题，解决探究对策。

1 水平井油管钻磨复合桥塞工艺技术

1.1 工具结构

水平井油管钻磨复合桥塞井下工具组合（图1）由上至下依次为：反循环阀、双瓣单向阀、螺杆钻、六刃EDC高效磨鞋，该组合能满足钻磨管柱的功能要求，且符合尽量简化的原则。

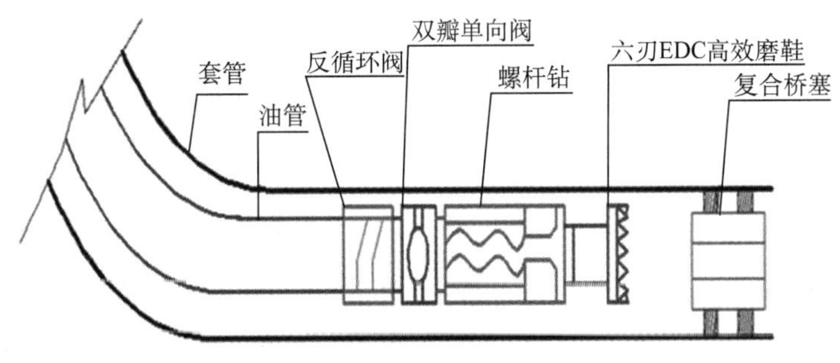

图1 油管钻磨复合桥塞钻具组合图

1.2 油管钻磨复合桥塞工艺

下钻磨复合桥塞钻具至复合桥塞位置后，利用泵车从油管内正注入修井液，修井液经油管串进入驱动螺杆钻，马达带动磨鞋转动，在地面通过泵压和钻压的控制，对井内复合桥塞进行研磨。研磨形成的碎屑随液流经环空循环带至地面，经地面过滤系统将残渣过滤后，工作液再从油管进入井筒，反复循环钻磨，从而达到保持井筒畅通、钻磨桥塞的目的。

地面流程为：底法兰、KQ65/70型大四通、2FZ18−70型防喷器、自封封井器、防反扭地面控制工具。钻磨作业井口装置的连接顺序由下至上依次为套管头、大四通、液压双闸板防喷器、自封封井器。钻磨工作液回收处理再利用流程和装置（图2）为：井口出口管线、沉砂罐、缓冲储液罐、低压过滤器、泵平、高压过滤器、井口水龙带。

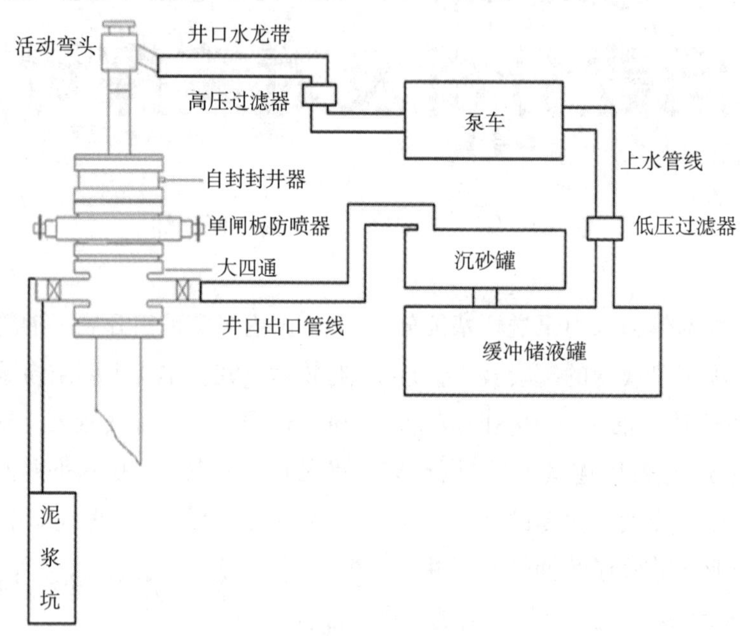

图2 钻磨液回收处理再利用流程

1.3 复合桥塞特点

复合桥塞（图3）使用材质基本相同，都为铝基或镁基可溶合金材料。现阶段，可溶桥塞工具结构正向类似球座形式，具有结构短小、溶解残留物少，以及易返排、橡胶密封元件体积小等特点，一些极端结构设计甚至取消了橡胶密封元件，改为采用全金属复合材料密封。该工具主要由桥塞中心管、卡环、卡瓦、锥体、密封组件、导鞋、推进传动机构和可溶球等部分组成。目前，致密油水平井主要采用复合桥塞，直井段（最大井斜≤30°）通过桥塞自身的重力将其下入，大斜度段（井斜大于30°）通过泵送的方式将其迅速推送至设计的位置，桥塞坐封的方式为点火坐封。可溶桥塞工具由氧化铝、橡胶和硬质帆布等多种复合材料制成，桥塞内置一个液体进出通道，可实现在高压后迅速返排和投产。

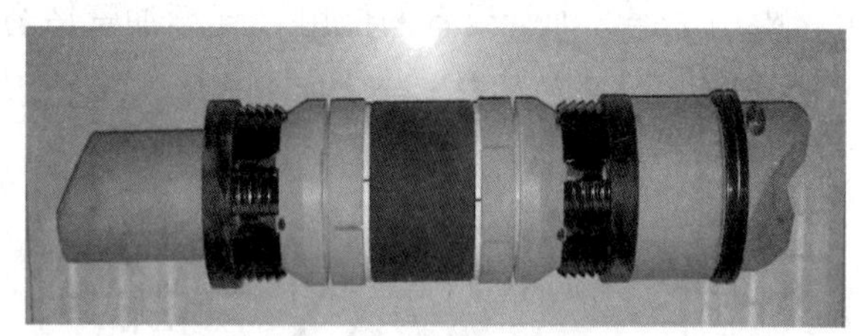

图3 复合桥塞实物图

目前致密油所用复合桥塞适用$5^1/_2$in套管，桥塞采用投球式结构，可溶桥塞内径35mm，外径111mm，长度460mm，可溶球直径44.45mm。分别在50℃清水中浸泡4h、50℃清水中浸泡10h后打压测试，均可承压70MPa持续30min以上；在1.0%KCl介质中，温度50℃时，桥塞本体 120h 基本溶解完，胶筒开始软化，胶筒浸泡 192h 可完全破碎分离，可溶球 100h 完全溶解。

2 油管钻塞技术在现场应用中存在问题

（1）钻磨效率偏低。水平井油管钻磨复合桥塞约 2.1 个 / 天，可溶桥塞约 2.8 个 / 天。

（2）卡钻风险高。换单根需停泵 5 ~ 10min，碎屑沉积多，来不及返出，沉砂卡钻频率大大增加。

（3）长水平段钻压难施加。当前螺杆钻排量 750 ~ 800L/min，水平段增长时，难以施加有效钻压导致作业效率低，甚至部分井难下入，大大影响作业效率。

（4）磨鞋效率较低。钻塞作业配套磨鞋主要以六刃磨鞋、平底磨鞋为主，长时间使用磨鞋效率大大降低。

（5）致密油复合桥塞钻磨出砂量大。致密油开发加砂量大，后期钻磨出砂量大，约 2t/ 个，冲砂及清砂工作量大，时间长；同时，若井筒内液体太脏，含有大颗粒的杂质，易使螺杆钻堵塞及损坏，作业风险较大。

（6）经验不足、工艺制度不完善。目前，试油队钻塞作业有经验的操作人员不足，新人人员多，对该工艺了解不够。

3 对策探讨

针对陇东致密油钻塞提速提效问题，通过实践，应对对策主要考虑开发和配套新型高效磨鞋、螺杆钻、循环阀等钻磨工具，优化排量、钻压、摩阻等施工参数，升级完善地面辅助设备及施工工艺制度等方面。

3.1 工具配套方面

3.1.1 优选螺杆钻

螺杆钻具的转速只与排量和结构有关，而与工况无关；工作扭矩与马达压降和结构有关，而与转速无关。增加钻压可增加工作扭矩，但不能超过最大扭矩，否则会出现“马达失速”或“马达滞动”。转速和扭矩是两个独立的参数，地面泵压可用于监视井下工况，转速可以通过排量来调节，工作扭矩、转速只与结构有关，增大马达每转排量，可获得适合于钻磨作业的低速大扭矩。转子的头数越少，转速越高，扭矩越小；转子的头数越多，转速越低，扭矩越大。

工具参数：K7LZ100×7.0 型中空螺杆泵，外径 100mm，马达头数 7/8，马达流量 7 ~ 12（20）L/s，输出转速 155 ~ 265r/min，马达压降 3.6MPa，钻头水眼压降 3.0 ~ 5.0MPa（最优），额定扭矩（最大）1120（1790）N · m，推荐钻压（最大）21（40）kN，长度 4.42m，喷嘴内径 1mm，下接头螺纹 $2^7/_8$in APIREG（母螺纹），上接头螺纹 $2^7/_8$in UPTBG（母螺纹），轴承外壳体带有一体式扶正器，五翼直条对称，最大外径 118mm，长度 15cm（不含倒角部分），宽度 5cm，带旁通阀，符合 API 标准的相关规定。

3.1.2 配备液力振荡器

液力振荡器是（图 4）一种用于水平井、大斜度井、大位移井等定向井的油管工具，根据流体动力学原理设计，采用流体为动力源。工具内部提升阀结构是自激振荡的核心，流体驱动提升阀往复运动形成周期性的振动冲击载荷。液力振荡器在油管内产生压力脉冲，从而产生牵引力拖动油管进入水平井，速度达到至少 6m/min。周期性的脉冲振动，减少摩擦延伸管柱进尺，同时延缓管柱螺旋屈曲自锁现象的发生。磨铣作业时，该工具一般连接在井下马达上部。通过配备高效液力振荡器，为钻磨作业提供持续稳定的钻压。

工具参数：外径 95mm，内通径 28m，工具长度 1200mm，耐温 120℃，耐压 35MPa，扣型 $2^7/_8$inUPTBG。

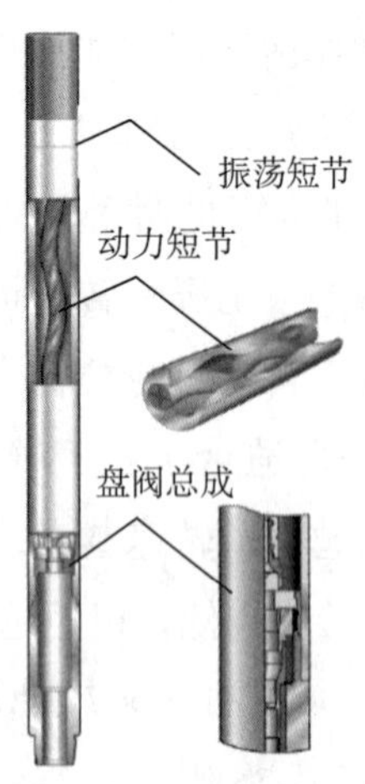

图4 液力振荡器

3.1.3 多次循环阀

根据水平井油管钻磨复合桥塞作业的施工特点，循环阀实现的主要功能是提供大排量循环的通道，循环的时机可选择在钻磨完井内最后1个桥塞后或钻磨过程发生卡阻后的处理过程中，循环的方式既可以是正循环也可以是反循环。结合致密油钻磨现状，基于实用、简单、可靠、成本和技术水平多因素考虑，设计了如图5所示的投球式多次激发旁通阀，结构分为承载部件和功能部件。其中承载部件主要作为与其他作业管串的连接体，承受拉力、压力和扭矩；功能部件相互配合，实现旁通打开、关闭、复位及容球功能。换位销钉与上壳体螺纹连接后插入换位槽中。换位槽径向周期分布于换位活塞表面，换位销钉相对换位槽活动，有止位、开位和关位3种状态，分别对应卡爪过球瞬态、旁通打开稳态和旁通关闭稳态。通过投球憋压激发，多次打开或关闭旁通孔，实现两种循环模式反复切换，旁通关闭，中心通道打开，此时可正常钻进；旁通打开，中心通道关闭，可进行大排量洗井。

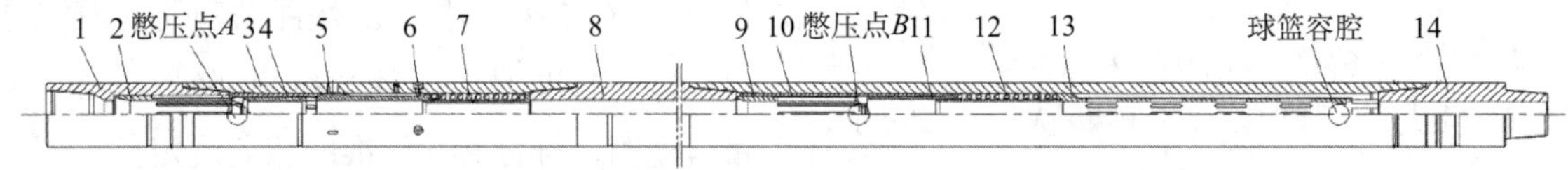

图5 投球式多次激发旁通阀结构图

1—上接头；2—上滑套；3—上壳体；4—上限位筒；5—换位活塞；6—换位销钉；7—上弹簧；8—中间接头；9—下滑套；10—下限位筒；11—下活塞；12—下弹簧；13—球篮；14—下接头

工具参数：外径95mm，最小通径30mm，总长1500mm，投球直径33mm，旁通开启压力1.5±0.5MPa，旁通孔数量4个（19mm×19mm），旁通开/闭次数2次，最大排量35L/s，最大外压35MPa，最大内压35MPa，连接螺纹$2^7/_8$in UPTBG。

3.1.4 高效磨鞋

钻磨复合桥塞多采用普通平底磨鞋，常规磨鞋长期使用暴露出了几个问题：一是工作过程属于磨削，不是切削，破碎井下复合桥塞的速度慢；二是出新刃能力不强、有效切削长度短、磨削效率低；三是硬质合金颗粒在敷焊时无立体层次，切削刃的方向和角度随机产生。结合直井中钻磨其他材质的经验，设计开发了钻磨效率高、使用寿命长的四刃高效磨鞋。

工具参数：最大外径118mm，水槽型式为拟三角形（水槽投影为一条直线和两条圆弧构成拟三角形），扣型$2^7/_8$in REG（公螺纹），钻头水眼压降2.5～5.5MPa，分刃布置型式为中空错位，水眼尺寸4mm×8mm～4mm×10mm，单齿型式：迎切面为硬质合金柱，背切面为随机形状硬质合金颗粒，中部为翼板，四刃异面。

3.2 钻磨工艺参数优化设计

3.2.1 排量设计优化

钻磨理论排量确定是按现有技术条件下，95mm螺杆钻的额定最大流量确定。同时，确保此排量不超过泵车的作业能力，并结合泵压校核入井油管和井下工具的抗内压强度。直井段砂粒沉降速度、斜井段环空止动返速、水平段砂粒的瞬时启动流速计算结果中环空止动返速约为0.82m/s，考虑致密油“大砂量、桥塞多、水平段长”等特点，钻磨排量推荐1000 ~ 1200L/min。

3.2.2 泵压设计优化

螺杆钻测试推荐，用清水以300L/min、400L/min、500L/min、600L/min、700L/min、800L/min的排量对螺杆钻进行地面测试，记录不同排量下的地面泵压，观察螺杆钻各连接部位有无刺漏、旁通阀能否正常关闭、出水是否连续稳定，现场确认螺杆钻工作正常后方可入井；螺杆钻下至造斜段后以入井该型螺杆钻所允许的最小排量300L/min开始泵注，随入井工具位置的不断加深缓慢提高泵注排量，到达60°井斜角前，建议推荐排量为750L/min，钻压控制在0.8 ~ 1.6t，现场依大绳股数折合后执行，马达压降控制在2.0MPa以内。

3.2.3 钻压设计优化

钻压是钻磨过程非常重要的参数，施加钻压过大会增加停钻风险，增加在井筒留下大块碎屑遇卡风险，引起憋、跳钻现象，而长水平钻压过小，将会无法施加钻压，使钻磨效率低下甚至无法钻除桥塞。致密油水平井钻塞实践证明，磨鞋上施加力为2 ~ 4t时，有利于钻除桥塞。现场实践表明，较大钻压虽能短时间内加快钻磨进尺，但会产生大尺寸磨屑，对于复合材料、橡胶件、铸铁件都是如此，大尺寸磨屑易在管路中形成支架，尤其是弹性较大的橡胶件，而中、小尺寸磨屑及砂粒在工作液的携带下上返黏结依附支架填充，形成卡堵。较大钻压带来的另一个问题是如果大尺寸铁屑来不及上返，就会聚集在磨鞋底部被重复研磨，引起憋、跳钻现象，加剧磨鞋底部合金块的磨损脱落，合金块的损坏又使得磨鞋高速旋转时的切削能力减弱，从而撞击撕扯更大尺寸的磨屑，如此往复，致使磨铣工况恶性循环。钻磨时理想的悬重和泵压曲线如图6所示。

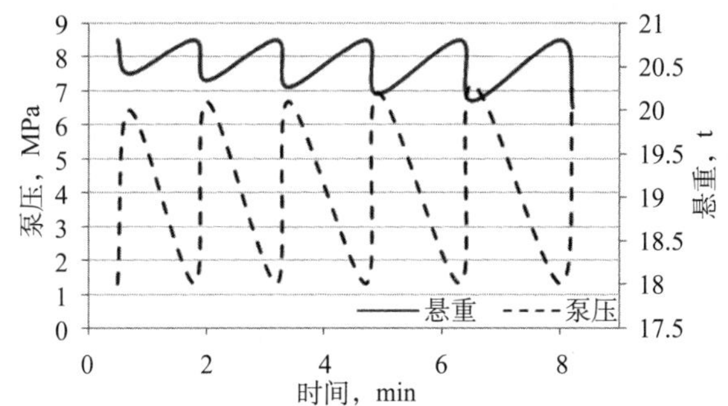

图6 钻进时理想的悬重和泵压曲线

3.3 地面装置配套

长水平井钻磨桥塞工艺地面辅助设备配套主要考虑增强钻磨过程反扭，减少封井器磨损时间，提升钻磨循环液的清洁度，减少沉砂罐沉砂清理时间，进而提升钻磨作业总体施工效率。

耐磨自封封井器最大承压21MPa，最小内径67mm，最大外径280mm，可实现有效的低压条件下环空动密封，通过安装耐磨封井器，减少作业过程中封井器胶皮更换次数。

防反转装置，钻磨作业中，一旦螺杆钻具的马达压降达到或超过额定压降的1.5倍，螺杆就会制动，螺杆钻具转子及其以上工具和油管会反转。通过对钻磨机组统一配套防反转装置，减少水龙带打扭和泵车超压停泵，同时不影响油管的起下作业，提高钻磨施工效率。

高压过滤器，工具总长1.25m，最大外径315mm，过滤精度0.2mm，承压70MPa，将其连接在泵车供液端与高压管线之间，防止污物、砂粒、杂质等被泵入作业管串，导致井下工具被破坏。低压过滤器，工具总长1.5m，最大外径285mm，过滤精度0.2mm，承压2.0MPa，连接在储液罐和低压上水管线之间，防止胶皮块等大尺寸杂质由罐内进入上水管线内，破坏泵车或造成憋泵，通过完善钻磨机组高低压过滤器配套，提高钻磨液体清洁度，增强井下工具使用寿命及工作效率。

旋流清砂器，对于致密油钻磨过程中出砂较多，清砂时间长，工作效率低，部分沉砂罐旋流清砂器损坏等问题，通过维修和配备旋流清砂器，提高清砂时效及钻磨效率。

3.4 其他方面

（1）金属减阻剂，对于超长水平段或管柱下入比较困难的钻磨作业井，可在作业过程中配备适量金属减阻剂，提高管柱下入深度及作业效率。

（2）KCl 溶液，对于压裂施工结束时间不长，开展钻磨作业时部分桥塞未及时溶解，钻磨作业较为困难或效率太低的井，加入适量 KCl 溶液，关井溶化一段时间后，再开展钻磨作业。

（3）钻磨作业培训，针对目前试油队新入人员较多，钻塞作业有经验的操作人员不足，对该工艺及作业流程了解不够，应加强钻磨施工工艺针对性培训，提高现场操作人员作业水平。

4 结论

目前长水平井桥塞钻除过程中以钻塞总效率最大为目标，从桥塞材料、井下工具、作业液体、设备配套等方面实践分析，初步形成了一套适合长水平井的油管钻塞工艺，该工艺现场试验效果好、作业成本低、钻磨效率高、适应性强，具有较好的经济效益及应用前景。

（1）单向阀 + 多次循环阀 + 中空螺杆 + 高效磨鞋的钻磨工具组合满足长水平井钻磨效率要求，实现快速钻磨桥塞，大排量冲砂，保证返屑效率，钻磨工具经济耐用且安全性高；

（2）在长水平段油管钻塞中，加入液力振荡器或金属减阻剂可以延迟油管自锁，稳定地将地面悬重传递到井下工具，实现 3000m 以上长水平段水平井钻磨作业。

（3）针对长水平井钻磨优化的排量、钻压、泵压等参数，经过现场实践验证是可行的，可以实现钻压精细控制、桥塞快速钻除、钻屑快速清理。

参考文献

[1] 席中琛，徐迎新，曹欣．水平井油管钻磨复合桥塞技术及应用 [J]. 石油钻采工艺，2006，38（01）：123–127.

[2] 安杰，赵乐，唐梅荣，等．水平井常规油管井下动力钻塞技术研究 [J]. 特种油气藏，2015，22（02）：140–142.

[3] 白田增，吴德，康如坤，等．泵送式复合桥塞钻磨工艺研究与应用 [J]. 石油钻采工艺，2014，36（01）：123–125.

[4] 韩继勇．水平井连续油管钻磨桥塞工艺研究与应用 [J]. 石油钻探技术，2016，44（01）：57–62.

[5] 武洪雨．连续油管输送桥塞射孔联作和压裂、钻磨一体化技术现场应用 [J]. 中外能源，2016，21（09）：62–65.

[6] 李爱春．页岩气水平井连续油管钻塞工艺 [J]. 江汉石油职工大学学报，2016，29（06）：25–27+34.

（作者：田军，川庆钻探工程有限公司长庆井下技术作业公司，井下作业工，集团公司技能专家；王国锋，川庆钻探工程有限公司长庆井下技术作业公司，井下作业工，集团公司技能专家；吴简，川庆钻探工程有限公司井下作业公司，井下作业工程师；何炜，川庆钻探工程有限公司井下作业公司，井下作业工，技师）

支撑瓦过盈量大解决方案探讨

◆ 刘永华

某石化厂新安装两套离心式压缩机组，其中一套机组在安装过程中出现了压缩机支撑瓦瓦背过盈量较大的问题。现以该机组为例，将压缩机支撑瓦瓦背过盈量的作用、调整解决方案进行论述，为相关专业人员提供参考和借鉴。

1　机组简介

机组由 BCL409/B 压缩机、变速箱和主电机组成，压缩机、变速箱、主电机由膜片联轴器联接。压缩机组安装采用联合底座，整个润滑油系统由润滑油站供油。压缩机轴端密封采用干气密封。机组布置示意图见图 1。

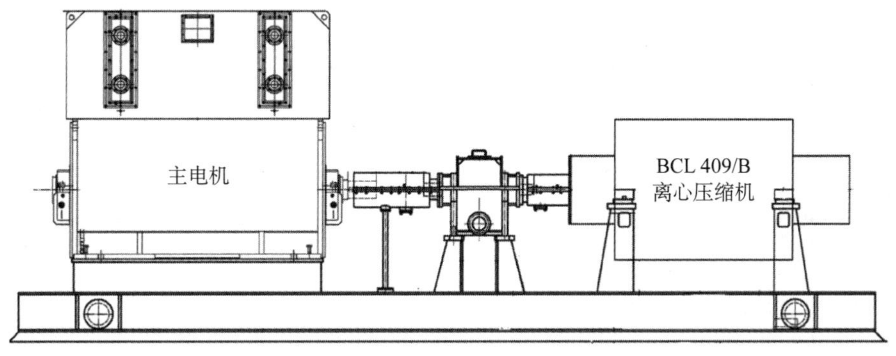

图1　压缩机组布置图

2　瓦背过盈量的概念、意义及问题产生原因

2.1　过盈量的概念

过盈量是指基本尺寸相同的相互结合的孔和轴公差带之间的关系，决定结合的松紧程度。孔的尺寸减去相配合轴的尺寸所得的代数差为正时称为间隙，为负时称为过盈。

2.2　瓦背过盈量存在的意义

压缩机绝大多数机型支撑瓦在安装时要求有一定的预紧力，其主要作用是为了确保瓦背压盖与支撑瓦有足够的贴紧力，这样才能确保装配的紧密性；同时也是为了防止压缩机在运转过程中支撑瓦发生微小转动或者轴向移动，支撑瓦发生微小转动或者轴向移动会造成转子运行不稳、振动增大甚至毁坏支撑瓦、转子等重大设备事故。

如无过盈量会造成支撑瓦松动，若过盈量太大则会使支撑瓦变形。所以装配过程中必须对瓦背过盈量进行测量，将过盈量控制在设计范围之内，并据此判别安装质量。

2.3 问题产生原因分析

支撑瓦瓦背过盈量超标情况的发生主要有两方面原因，一是加工偏差，由于加工设备自身误差、作业人员操作失误、测量误差过大等原因造成零部件尺寸偏差超标；二是材料处理不达标，加工前后未严格执行材料处理程序，致使材料内部应力未能完全释放，随着应力的缓慢释放，零部件发生微小变形。

3 支撑瓦瓦背过盈量超标问题处理方案

检查、复测支撑瓦的装配间隙是机组安装的关键部分，实际施工过程中经常会出现瓦背过盈量超标的情况。现以BCL409/B离心机为例（图2），对过盈量调整方案进行分析、对比。

图2 现场实物图

3.1 过盈量调整方案

现场实测压缩机支撑瓦瓦背过盈量为0.13mm（支撑瓦瓦背过盈量测量示意图见图3），该数值已远超出设计值（0.00 ~ 0.03mm），需现场调整支撑瓦过盈量以满足设计要求。

分析发现，装配完成后轴承压盖和支撑瓦之间存在较大的应力，两者间过大的预紧力可能导致支撑瓦变形，最终影响机组的运行状况和使用寿命。

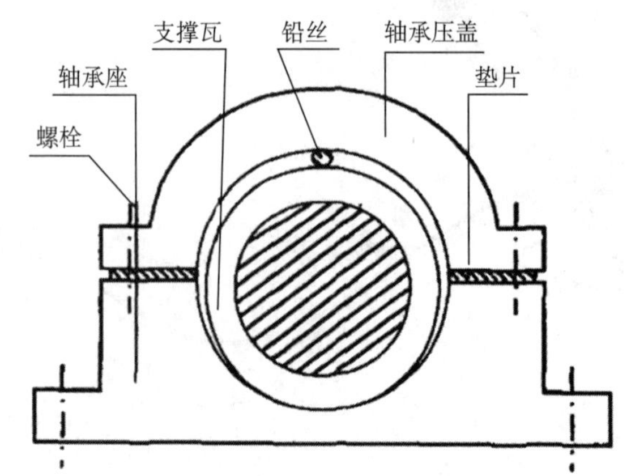

图3 支撑瓦瓦背过盈量测量示意图

3.1.1 处理方案一

在轴承压盖与轴承座中分面接触处添加调整垫片，增加支撑瓦和压盖之间的间隙，减小支撑瓦瓦背的过盈量。受现场施工条件和材料限制，无法找到完全满足调整要求厚度（0.11 ~ 0.13mm）的不锈钢皮，综合考量垫片厚度规格、测量误差、装配面贴合情况、不锈钢垫加工面平整度等情况，选择0.10mm不锈钢皮作为调整垫，调整后压缩机支撑瓦瓦背过盈量为0.03mm，满足设计要求。

具体操作方法：拆卸轴承压盖紧固螺栓，利用倒链将轴承压盖慢慢提起（提升时尽可能保持垂直上升），测量、绘制轴承压盖与轴承座中分面接触部分的图形，用0.10mm的不锈钢皮依照先前绘制好的图形制作调整垫片。将调整垫片放置到轴承压盖和轴承座中分面之间，回装轴承压盖，安装完成后需复测支撑瓦和转子的径向间隙。

3.1.2 处理方案二

用锉刀修磨支撑瓦（与轴承压盖的配合面部分），综合考虑日后机组的检维修和处理难度，可使用锉刀修磨支撑瓦，减小支撑瓦和轴承压盖之间的间隙，调整过盈量以满足安装要求。

具体操作方法：拆卸轴承压盖的紧固螺栓，利用倒链慢慢提起轴承压盖（提升时尽可能保持垂直上升），轴承压盖拆除后倒置放在胶皮上。在支撑瓦与轴承压盖接触面涂抹红丹粉，将支撑瓦上瓦装入轴承压盖中，推动支撑瓦在轴承压盖中往复运动，取下支撑瓦检查与轴承压盖的接触痕迹，根据接触痕迹选择高点进行修磨，处理过程需多次测量过盈量，依据测量结果修磨支撑瓦。注意，调整过程中需适当增加测量支撑瓦过盈量频次，避免因处理量过大导致过盈量偏小状况的发生。

3.2 处理方案对比

方案一的优点在于操作简单、周期短、经济效益高，施工人员现场便能够加工制作调整垫片。该方案的不足有以下几点：材料垫片规格难寻，由于支撑瓦装配的特殊性，需尽量减少调整垫片的层数（最好只添加一张），现场难以找到合适厚度的材料；对材料的强度要求较高，随着调整垫厚度的减少，其强度减弱，容易发生变形，影响过盈量调整结果；对材料耐腐蚀性要求较高，材料本身需具有较强的耐腐蚀性且不能与机组其他部分产生电化学腐蚀；存在影响润滑油路的隐患，受现场加工条件限制，制作的调整垫片形状尺寸难以与轴承压盖规格尺寸完全一致，存在一定偏差，该偏差可能会影响支撑瓦处的润滑油路，造成一定的压力损失，甚至影响油膜的形成进而烧毁支撑瓦。

方案二的优点在于装配中无须额外添加材料，对支撑瓦的润滑油路无影响。该方案的不足有以下几点：加工难度大。加工面为圆弧形，且加工余量极小，普通加工设备难以满足加工精度要求；人工修磨程序复杂且周期长，人工修磨处理需反复修磨支撑瓦和测量过盈量，对施工人员技术能力要求极高；加工过程不可逆，加工过程存在一定的精度偏差，在极小的加工余量下，可能造成过盈量偏小情况的发生。

4 结束语

本次施工中最终选择方案一处理该问题。方案一操作简单，具有较强的可操作性。在随后进行的机组试车、装置投产过程中运行正常，未出现质量问题。今后进行机组检修工作时，应重点关注支撑瓦部位，认真复查支撑瓦瓦背过盈量有无变化、调整垫片有无损坏，确保机组长期平稳运行。

（作者：刘永华，中国石油天然气第七建设有限公司，工程设备安装工，高级技师）

GTCY-1示功图测试单元锂电池损坏率高的原因及处理

◆ 杨培伦　杨洪俊　柳转阳

1　问题的提出

GTCY-1 示功图测试单元（以下简称功图测试单元，如图 1 所示）是新一代的智能化试井设备，它能够精确地测量抽油机井的载荷、位移，并实时提供示功图。根据测试的示功图可分析油井工作情况，计算油井产量，因采用无线方式传输数据，自动化程度高，数据及时精准，被广泛地运用到智慧化油田建设之中。

图1　GTCY-1示功图测试单元

功图测试单元的动力源是充电锂电池，采用太阳能电池板供电，阳光充足时，电池板产生电能（图 2），一部分供功图测试单元的电子元器件使用，剩余部分充到锂电池内，没有阳光时，由锂电池向功图测试单元提供电能。在使用过程发现锂电池损坏严重，年损坏率达到了 80% 以上。锂电池的损坏率高，一方面影响了对油井数据的采集，造成油井故障不能及时发现，延迟了维修时间，导致产量下降。另一方面，频繁地更换电池，对示功图测试单元密封造成损伤，缩短了功图测试单元的使用寿命，增大了维修成本的支出。

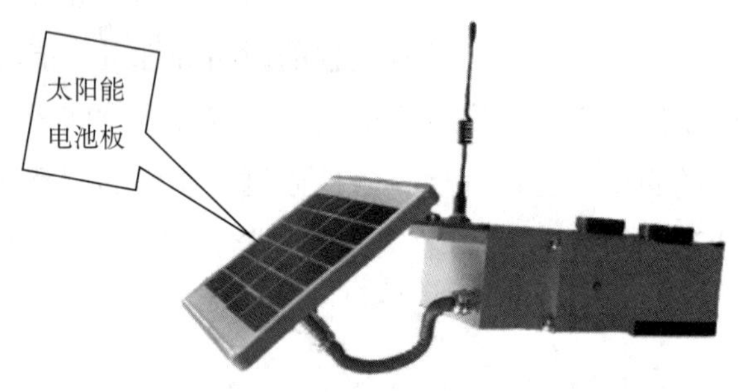

图2　示功图测试单元充电装置

2　故障现象与原因分析

功图测试单元在运行过程中频繁报电压低故障信号，传输的图像不清晰，且出现示功图不能连续采集，造成无法进行产量计算等难题。

功图测试单元采用充电锂电池储电，太阳能电池板供给电能。当油井作业时，需要将功图测试单元从抽油机悬点上拆除下来，太阳板电池板将不能提供电能，但功图测试单元的电子元器件还在不停地耗电，造成锂电池亏电，或是因环境及天气的影响，锂电池无法获得太阳能电池板的有效供电，造成充电不足，当电池输出电量大于充电量时，电池形成低电压。锂电池的工作电压是 3.7V，当电压降到 2.3V 时，将对锂电池造成不可逆转的损坏，低电压是造成锂电池损坏率高的主要原因。

3 故障处理

3.1 处理思路

通过分析锂电池的特性得知，低电压是造成锂电池损坏率高的主要原因。解决的思路是在功图测试单元上加装电压保护装置，当锂电池电压下降到 2.8V 时，功图测试单元发出警告信号，提示维护人员进行充电作业，当电压下降到 2.5V 时，锂电池停止电量的输出，达到保护锂电池的目的。

3.2 电压保护装置的工作原理

在锂电池与功图测试单元供电插板间串接一个电压保护模块，模块在第一时间内监测到锂电池的电压变化，当锂电池电压降到 2.8V 时，电压保护模块中的比较器将输出一个低电压报警信号，如果维修人员不采取措施，锂电池持续向功图测试单元的供电插板输电，锂电池电压持续下降，当降到 2.5V 时，电压保护模块的传导电路断开，锂电池将不会再向功图测试单元的电子元器件供电，停止电能消耗，防止锂电池因低电压而造成的不可逆转的损坏。只有维修人员采用外部电源（或太阳板电池）给锂电池充电，当电压达到 3.7V 的工作电压时，电压保护模块将电路导通，锂电池重新向功图测试单元的供电插板供电。

3.3 操作方法

将连接插头焊接在电压保护模块上（图 3)，打开功图测试单元的底板（图 4)，从供电插板上拔下锂电池的供电插头，将锂电池的插头插在电压保护模块上（图 5)，电压保护模板插在供电插板上，电压保护模块串接在供电电路中。

图3 焊接好插头的电压保护模块

图4 测试单元内部连接情况

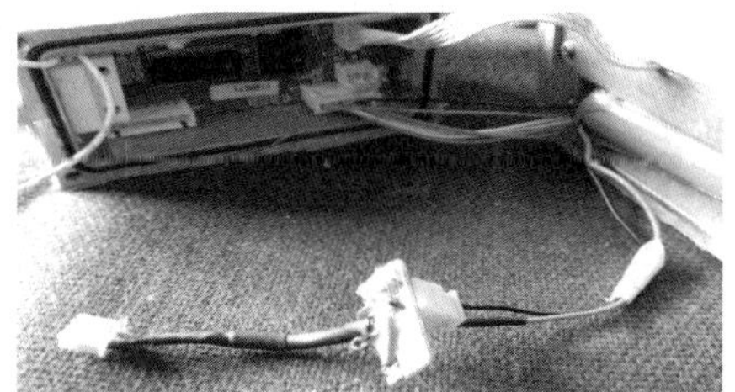

图5 串联好的电压保护模块

4 应用效果

通过在 GTCY−1 示功图测试单元与锂电池之间串接电压保护模块，杜绝了锂电池低电压损坏的难题，该技术在华北油田投入使用一年来，与未使用低电压保护模块相比，每年损坏锂电池减少 300 多块，每块锂电池 540 元左右，每次操作减少人工维修成本 60 元，因及时发现油井存在故障，而采取有效的措施，每次创效 320 元，而每块电压保护模块的成本在 5 元左右，安装成本平均 65 元，年创效 25.5 万元。

此外，还减少了维修次数，降低了操作员工的劳动强度。

具有低电压报警和低电压断电功能的保护板，结构简单，性能可靠，操作方便，实用性强，避免了锂电池因过度放电所造成的各种安全隐患，具推广价值。

（作者：杨培伦，华北油田公司第四采油厂，采油工，集团公司技能专家；刘洪俊，大庆油田采油八厂，采油工，高级技师；柳转阳，辽河油田公司曙光采油厂，采油工，高级技师）

石脑油加氢装置换热器泄漏原因分析及对策

◆ 李忠杰

1 装置简介

某炼厂现有 250×10^4t/a 石脑油加氢装置，采用美国 UOP 公司的加氢精制工艺技术。主要原料有：常减压装置的直馏石脑油、石脑油罐区的混合石脑油、渣油加氢的汽提塔顶液。该装置旨在脱除石脑油中的硫、氮等杂质，生产的加氢石脑油作为下游轻烃回收单元的原料，通过轻烃回收单元回收原料中的液化气组分，并为连续重整提供石脑油原料。自 2018 年 9 月 18 日开始，发现重石脑油中的硫含量开始出现持续超标现象，通过糠醛试验，最终确定石脑油加氢装置换热器 E101A/G 泄漏，导致重石脑油硫含量超标。为了确保本装置及下游装置长周期运行，对装置进行停工消缺。

2 换热器泄漏的原因分析

2.1 换热器泄漏情况

为确定换热器的泄漏情况，对 E101A/G 7 台换热器进行上水打压查漏，通过打压实验发现换热器 E101G 在上水时就有多根管束泄漏，管板处无泄漏，其余 6 台均未出现泄漏，最终确定换热器 E101G 泄漏。并发现 E101G 管束有堵塞现象，泄漏处管束里面含有黑色杂质夹白色盐类物质。泄漏换热器见图 1。

图1 泄漏换热器E101G

2.2 腐蚀类型分析

通过对 E101G 管束切割分析，发现换热器管束外部表面较平整、光滑，无明显腐蚀痕迹。管束剖开后管束内部凹凸不平，腐蚀痕迹明显，结合换热器管束内部存在铵盐，且泄漏点位于管子上部等现象，判断为典型铵盐的垢下腐蚀形态。管束腐蚀及切割见图 2。

2.3 E101G 腐蚀机理分析

一般来说，在易发生铵盐垢下腐蚀的部位通常会有注水，通过注水的冲洗可有效防止铵盐的垢下腐蚀。但如果注水部位管束堵塞或无足够水量对铵盐进行冲洗时，就会造成严重的腐蚀，因此铵盐腐蚀易发生于换热器、空气冷却器等管束上部部位。本装置在原料—产品换热器（E101G）前、空气冷却器（A101）前设置连续注水（除

(a) E101G腐蚀点外部图片

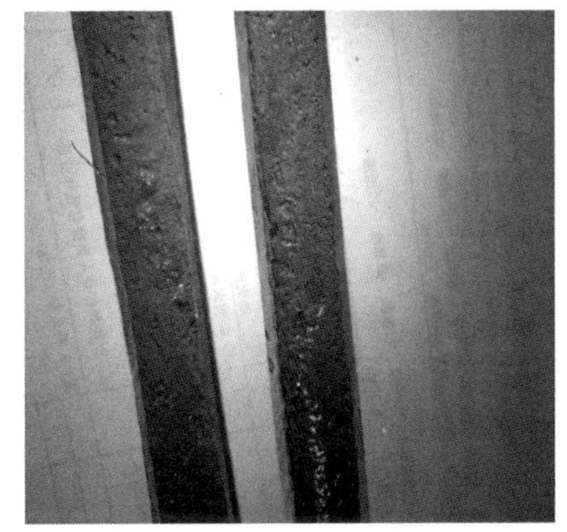

(b) E101G腐蚀点内部图片

(c) 泄漏点内部详图

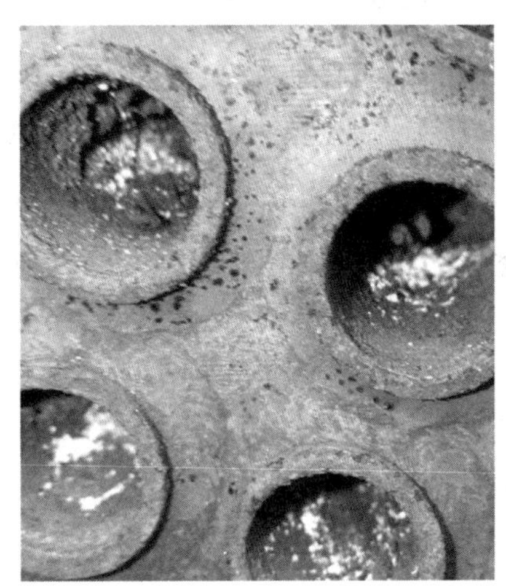

(d) E101G管束内部详图

图2 管束腐蚀及切割图

盐水或净化水），注水比例不小于进料体积流量的3%。换热器泄漏前，装置处理量基本处于240t/h，最小注水量为9.9t/h，实际全年的注水在10.5 ~ 15t/h，因此不存在因为注水量不足而导致的铵盐腐蚀。

通过图2（d）发现，确实存在换热器管束被大量堵塞的情况，可能存在换热器管束堵塞而导致注水冲洗不足导致腐蚀。

2.4 E101G管束被堵塞垢样分析

为了进一步确认是否因换热器管束堵塞而导致注水冲洗不足导致腐蚀，对堵塞换热器的垢样进行分析，结果见表1。

从表1的能谱分析结果，可见垢样中主要含有S、Fe、O元素。

表1 能谱分析结果

元素	射线类型	表观浓度	K系倍率	质量分数，%	误差率，%	原子分数，%
O	K线系	9.26	0.03116	7.54	0.17	17.41
S	K线系	37.52	0.32324	43.61	0.28	50.26
Fe	K线系	35.73	0.35728	48.85	0.30	32.33
总计				100.00		100.00

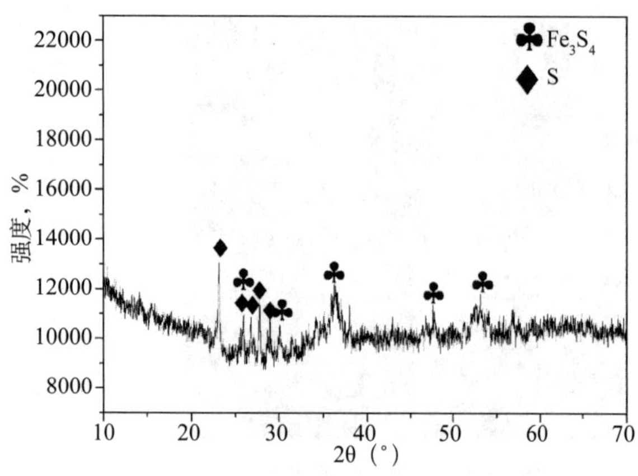

图3　X射线衍射分析结果

通过X射线衍射分析来确定具体的物质构成，结果如图3所示，通过与标准谱图对比，垢样的主要成分为Fe_3S_4和S。经过分析比对，石脑油加氢装置E101G处注水自2017年3月开始，由除盐水改为加氢型净化水。而在2010—2017年，E101G一直使用除盐水时，E101G从未发生过泄漏，管束也从未出现过堵塞情况。

2.5　E101G管束中单质硫来源分析

通过对装置注水的水源（净化水和除盐水）分析，发现净化水中含有氨氮、硫化物，而除盐水中未检出。净化水和除盐水主要指标对比见表2。

表2　净化水和除盐水主要指标对比

项目	净化水	除盐水
pH值测定	9.37	8
氨氮，mg/L	15 ~ 40	未检出
硫化物，mg/L	5 ~ 40	未检出
COD，mg/L	100 ~ 1000	

净化水中有硫化物（含有硫化氢），硫化氢遇空气时会发生化学反应：$2H_2S+O_2=2H_2O+2S$，形成硫单质，且少量生成时硫呈现悬浮状分布于水中不会形成沉淀。当悬浮状硫在换热器管束部位聚集沉降时会堵塞管束。由于此装置的注水缓冲罐设计时没有氮封，并且注水罐顶部盖子并不密封严实，长期与空气接触，存在净化水接触空气形成S的风险。

通过上述分析确定，E101G泄漏的原因为：注水中（净化水）硫单质元素沉淀逐渐堵塞换热器管束，造成堵塞的管子没有足够量的水冲洗铵盐，铵盐结晶后形成垢下腐蚀，最终导致换热器泄漏。

3　应对腐蚀泄漏的措施

3.1　注水由净化水改为除盐水

本装置的注水设计是用除盐水和净化水。本次检修前注水为酸性水汽提装置的加氢型净化水，通过换热器后经过管线、空气冷却器进入反应产物分离罐变为加氢酸性水送至下游酸性水汽提装置脱除硫化氢后循环利用。因净化水属于循环利用水，长时间使用水质会变差，注水时会造成水中杂质堵塞在管束处，因E101G换热器处于易结盐部位，所以装置设计时，此处管程入口处有注水点，但是如果管束内堵塞、不通畅会造成局部管束的铵盐接触水后变为强酸，腐蚀管束。所以从表2可以看出，使用除盐水可以从源头上减缓换热器的腐蚀。

3.2　注水罐技改增加氮封设施

通过对现有的注水罐进行简单技改，增加氮封设施，防止注水接触空气，形成硫单质，减缓对设备的腐蚀。2020年大检修已对注水罐进行了更换，并增加了永久氮封设施。

3.3　加强对原料和工艺管线的监控

加强监控装置的进料，掌握各进料的油品性质，认真监盘，关注换热器管壳程的出入口温度及反应器压差，及时查看产品质量。定期对工艺管线做在线腐蚀监测，尤其对管线弯头处、空气冷却器的管束和低温部位加强检查，及时发现问题，保证装置长周期平稳运行。

3.4　加强监控酸性水外排数据

定期对反应产物分离罐下面的含硫污水进行监测，保持反应产物分离罐含硫污水的pH值在5.5 ~ 6.5之间，确保腐蚀控制。如果达不到该要求，当工艺介质冷却时，会导致管线腐蚀和开裂。过低，会使管束与酸性溶液接触，导致换热器和空冷管束腐蚀泄漏。

4 结论

通过上述措施，有效减缓了换热器的腐蚀泄漏，保证了下游装置的正常供料，使装置长周期平稳运行。在2020年的停工大检修中，发现E101G换热器管束内铵盐和铁锈减少很多，也有效地减缓了换热器E101F铵盐结晶。

（作者：李忠杰，广西石化公司，常减压蒸馏装置操作工，技师）

巧解CD10机构高压断路器的"跳跃"故障

◆ 李春辉

各种型号的6（10）kV高压断路器，在各个油田的二次变电所大量使用，其型号大多为永磁机构式、CD10机构式、小车推拉式、卧式开关等。二次变电所的每一条回路所带的负荷都比较大，例如，某个井排、某个联合站的进线电源，如果运行不稳定就会造成停电，那么造成的经济损失都是巨大的。所以，高压开关的可靠运行，才是负荷稳定运行的可靠保证。

1　CD10机构所配高压开关的"跳跃"现象

将图1中"KK"控制开关至于合闸位置，"KK"控制开关⑤→⑧接点闭合，DL辅助接点是闭合状态，于是合闸接触器线圈HC得电励磁，其铁芯动作带动图2中的两个HC接点闭合，回路经正合闸母线→3RD（正合闸熔断器）→合闸接触器接点→合闸线圈HQ→合闸接触器接点→3RD（正合闸熔断器）→负合闸母线闭合，合闸线圈HQ得电励磁。如图3所示铁芯连同顶杆向上运动，推动滚轮及主轴向上举起。同时，支撑轴沿掣子内沿向上滑动，并向左推动支架。当主轴上升到掣子上端面（1.5 ~ 2.5mm）的高度时，掣子在扭簧的作用下到支撑轴的下面并向右

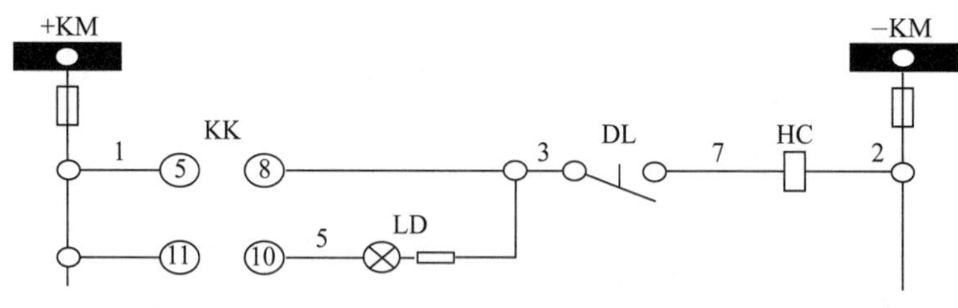

图1　控制回路

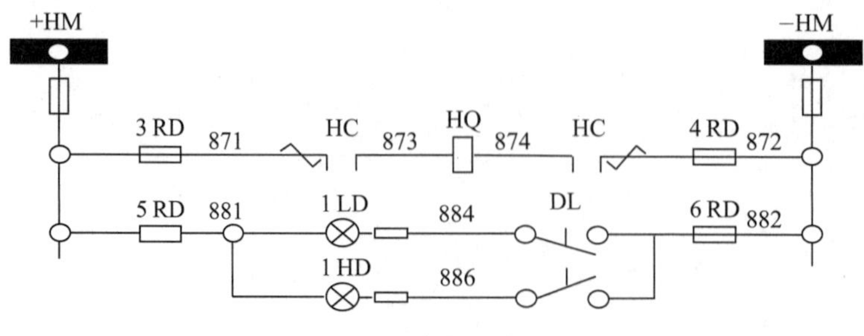

图2　合闸回路

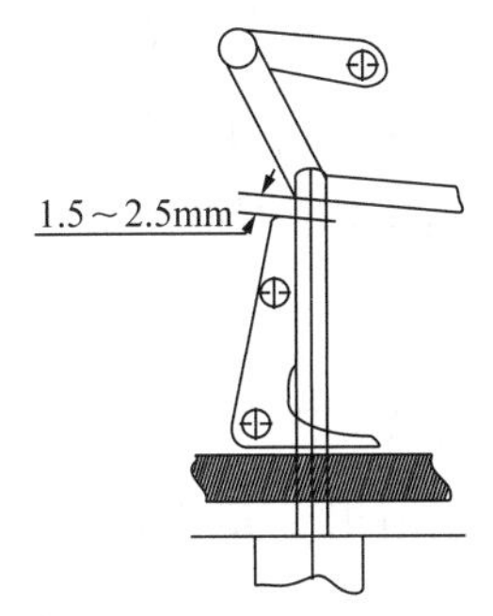

图3　动作过程

少许移动，保证可靠扣住支撑轴，在合闸接通终了时，因主轴的转动，带动辅助开关将合闸回路里的常闭接点断开，切断合闸接触器线圈的电源。合闸线圈断电后，合闸铁芯自由下落，支撑轴被掣子支撑住，完成合闸过程。

“跳跃”现象出在当合闸未终了时，因主轴的转动，带动辅助开关将合闸回路里的常闭接点断开，切断合闸接触器线圈的电源。合闸线圈断电后，合闸铁芯自由下落，支撑轴还没有被掣子支撑住，合闸失败。由于操作人员操作的“KK”控制开关还保持在合闸位置，开关就会不断地重复合闸、合闸失败的过程，而且合、跳闸的速度非常快，这就是开关的“跳跃”现象。又因为它发出的声音像机枪射击一样，现场又俗称开关“打枪”。造成“跳跃”的主要原因是，辅助开关将合闸回路里的常闭接点断开得过早，导致开关合闸过程无法完成。

2　开关跳跃的危害

任何设备都是有使用寿命的，高压断路器的合分闸次数，是高压断路器使用寿命的一个重要指标。一台高压断路器每年操作次数多的一般也就在二三十次。当发生“跳跃”现象时，一般操作人员都会操作“KK”控制开关2s以上，这个时间内就会发生10多次合跳闸。如果检修人员到现场后处理方法不当，反复调试、试验，调试两三次就相当于这台开关一年的合跳闸次数；如果检修人员经验不足，调试七八次，其合跳闸次数就可能达到上百次。如果这台高压断路器的合跳闸寿命为10000次，可以得出这台高压断路器由于调试、处理方法不当，仅仅一次的“跳跃”故障，就损失了1%的寿命。所以，高压断路器的“跳跃”现象，是高压断路器使用寿命的最大杀手，那么，如何快速、准确地处理高压断路器的“跳跃”，就显得尤为重要。

3　开关跳跃的处理方法

3.1　用万用表调整

造成“跳跃”的主要原因是，辅助开关将合闸回路里的常闭接点断开得过早，导致开关合闸过程无法完成。那么就要调整辅助开关常闭接点，使常闭接点断开得晚一点。

首先，取下控制熔断器及合闸熔断器，然后，将分合闸辅助开关的传动杆螺丝帽卸下来、抽出销钉，把传动杆从分合闸辅助开关上取下。将传动杆下面部分的备帽卸松，逆时针旋转720°（把传动杆加长），把传动杆与分合闸辅助开关重新连接好。将万用表调至电阻挡，接在辅助开关合闸常闭接点两端，用手动合闸压杠缓慢合闸，观察接点断开时间与高压断路器合闸完成后，它们之间的配合情况。正常应该是万用表指针指示断路后，瞬间高压断路器完成合闸，如果相差过大应重新调整传动杆的长度。

在调整合闸回路的同时，也要注意测量跳闸回路是否正常。因为传动杆同时带动分、合接点，合闸回路调整的同时，跳闸回路一定会有变化，所以，调整好合闸回路后必须确认跳闸回路完好。调整完毕后，将控制熔断器、合闸熔断器接通，将“KK”控制开关置于合闸位置，通过电气回路试验，确认“跳跃”故障是否消失。

3.2　用验电笔调整

基本方法同用万用表调整，只是在手动合闸

的过程中，测量辅助开关合闸常闭接点改用验电笔。因为，在测量前，辅助开关合闸常闭接点都是负电，当测量点的电源变为正电时，表明辅助开关合闸常闭接点已经断开，然后高压断路器瞬间完成合闸。

3.3 反向调整法

首先，断开控制熔断器、合闸熔断器，然后，用手动合闸压杠将高压断路器置于合闸位置，卸下传动杆，旋转调整辅助开关转盘，调整合闸辅助接点 DL 的动静触点，刚刚断开很小的距离即可，核实跳闸回路正常。然后，调整传动杆的长、短，将传动杆与辅助开关转盘连接好，上好销钉、螺丝备帽等。最后，将控制熔断器、合闸熔断器接通，将“KK”控制开关置于合闸位置，通过电气回路试验，“跳跃”故障消失。使用反向调整的方法，目前都是一次调试成功，一次性解决了“跳跃”故障，有效减少了调试次数，同时也增加了开关的使用寿命。

4 结论

以上所述解决 CD10 机构所配高压开关“跳跃”的方法，也适用于其他 CD 系列的机构，以及高压卧式真空开关。特别是高压卧式真空开关，合闸时辅助开关的端子排始终是受向下的力，长时间运行及其他因素会造成辅助开关向下移位，导致辅助接地配合出现问题，也可能会出现“跳跃”故障，应用反向调整法即可快速解决。

（作者：李春辉，大庆油田有限责任公司第一采油厂培训中心，变电检修工，高级技师）

截断阀阀体密封压盖漏气故障维修技术及应用

◆闫 强 闫庆蓉 孙进军 张振宁 贺凯峰

1 概述

气动紧急截断阀在长庆油田各个集气站已经广泛应用，通常安装在集气站的进站和外输管线上。从目前的使用情况来看，气动紧急截断阀充分保证了集气站的安全性和可靠性，但在日常使用过程中截断阀有时出现阀体密封压盖漏气情况。2018 年，长庆油田第一采气厂作业八区共发生截断阀阀体密封压盖漏气故障 12 次，天然气泄漏有可能导致燃烧、爆炸、人员中毒等事故。为找出压盖泄漏天然气的原因消除安全隐患，对正在运行的 160 台截断阀进行分析研究，在充分分析气动紧急截断阀原理及操作规程的基础上，对阀体密封压盖漏气截断阀进行了拆卸分析。发现导致密封压盖漏气的原因为传动杆上密封圈腐蚀受损，天然气沿传动杆至密封压盖漏出，解决此类故障涉及气动紧急截断阀维修厂家关键技术，通常采用截断阀阀体整体更换的方式解决。为降低维修截断阀的费用和时间成本，同时减少员工工作量，摸索出通过更换密封受损密封圈来解决密封压盖漏气问题的方法，并在现场进行了试验应用。

1.1 气动紧急截断阀的原理

靖边气田下古集气站进站区及外输区全部安装气开式截断阀，这种截断阀主要由减压阀、回讯器、电磁阀、传动机构及阀体组成。在正常生产状态时，氮气源供给的氮气由仪表风管线进入减压阀，减压阀将氮气减压至 0.5 ～ 0.6MPa 或 0.45 ～ 0.5MPa。气动紧急截断阀气缸由缸盖、弹簧、活塞、齿条、齿轮及传动轴组成（图 1）。当电磁阀供电打开后，氮气充满截断阀执行机构腔体，克服气缸内的弹簧弹力，推动活塞，挤压弹簧向两侧收缩，齿轮联动机构带动球阀阀杆转动，使阀体打开。

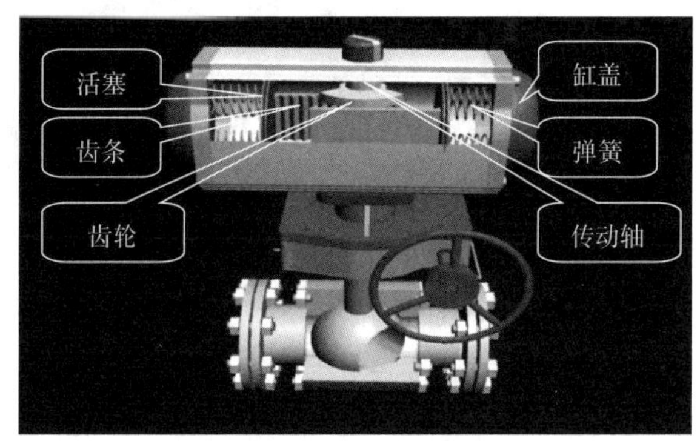

图1 气动紧急截断阀气缸内部结构示意图

1.2 气动紧急截断阀的自动和手动控制

正常使用时截断阀处于自动状态，通过紧急按钮或者鼠标点击流程图上的控件使电磁阀开关，控制气缸内充入、排出氮气，从而达到远程操控截断阀开关的目的；在一些特殊情况下，需要手动控制时，将传动机构的齿条与齿轮啮合，使截断阀转换到手动状态，传动机构的手轮能够开关阀体。

在手动和自动操作切换过程中，由于气缸与阀门之间扭力的存在，气缸中充满氮气时，手动和自动操作之间的转换需要在阀门开启状态时进行；在气缸没有氮气，压力为零时，手动和自动操作转换需要在阀门关闭状态时进行。

2 气动紧急截断阀密封填料漏气故障调研

2018 年正在运行的 160 台截断阀，共有 12 台截断阀发生阀体密封压盖漏气故障，具体情况见表 1。

对 12 台截断阀阀体密封压盖外漏情况进行分析，发现外漏通常出现在截断阀密封压盖的上部或下部，如图 2、图 3 所示。

表1 2018年气动紧急截断阀阀体密封压盖漏气故障情况统计表

序号	井号	故障描述
1	G1–8A	密封压盖上部漏气
2	靖平 01–11	密封压盖下部漏气
3	G1–12A	密封压盖下部漏气
4	G01–13	密封压盖下部漏气
5	G2–17	密封压盖下部漏气
6	G3–17	密封压盖下部漏气
7	靖 54–27	密封压盖上部漏气
8	靖平 06–6	密封压盖上部漏气
9	乌 22–8	密封压盖上部漏气
10	陕 141	密封压盖上部漏气
11	乌 24–6	密封压盖下部漏气
12	乌 25–4	密封压盖上部漏气

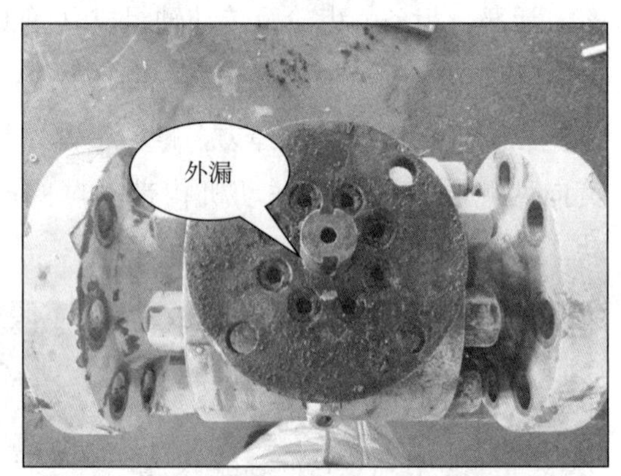

图2 阀体密封压盖上部外漏处

图3 阀体密封压盖下部外漏处

经分析认为截断阀阀体密封压盖外漏的原因为密封圈腐蚀损坏，并对因截断阀阀体密封压盖外漏原因更换下的废旧截断阀阀体进行了拆卸，由于外漏处与传动杆联系紧密，重点取出传动杆进行了检查，结果也证明了这一猜测。传动杆底部密封与阀杆相连处有两个密封圈，拆开后发现这两个密封圈已严重腐蚀损坏（图 4），导致天然气沿传动杆外漏至密封压盖处，从而产生截断阀密封外漏情况。

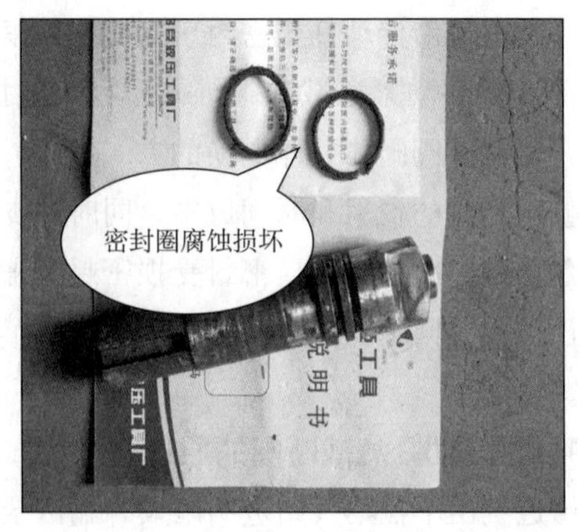

图4 密封圈腐蚀损坏

3 解决办法

找出造成截断阀阀体密封压盖外漏的原因后，确定解决故障的关键为寻找传动杆上密封圈的环形替代品，通过“筛选法”和“排除法”对金属缠绕垫片、聚乙烯垫片和丁腈橡胶O形圈这三种常见的环形材料进行了比对，分析结果见表2。

表2 常见环形材料适用性对比

替代品备选材料	图片	优、缺点	结果
聚乙烯垫片		缺点：不承压、无弹性	不适用
金属缠绕垫片		优点：承压 缺点：无弹性	不适用
丁腈橡胶O形圈		优点：承压、有弹性	适用

经过比对，丁腈橡胶O形圈与密封圈最接近。通过型号大小选择，确定36mm×3.5mm丁腈橡胶O形圈（耐油高压抗硫）密封垫圈作为替代品最为合适。

4 应用效果评价及改进措施

4.1 应用效果评价

2018年，共对12台密封圈漏气的气动紧急截断阀进行维修，其中2台维修方式为整体更换截断阀阀体，其余10台采用更换密封圈的方式。

（1）降低材料成本。整体更换截断阀阀体的费用约8000元/台，更换密封圈花费1元/台。与第一种处理方式相比，更换密封圈产生的费用可以忽略不计。以2018年需进行维修的12台截断阀为例，更换密封圈相比更换阀体的方式可以节约费用约9.6万元。

（2）降低时间、人力成本。更换截断阀阀体耗时5.5h/次，更换密封圈耗时2.6h/次，平均省时2.9h/次。截断阀阀体备料的时间有很大的不确定性，有时长达一年之久。更换密封圈的维修方式，不仅无须备料且更换方便耗时更短，有效降低了对气井连续生产的影响和人员的劳动强度。对比效果见表3。

（3）效果评价。更换的O形密封圈材料为耐油高压抗硫丁腈橡胶，可以满足安全生产要求，并且更换密封圈过程中不存在风险。在对更换O形密封圈的10台截断阀进行后期效果跟踪中，未再发现阀盖处天然气泄漏情况，应用效果良好。2019 年，传动机构故障维修已全部采用该技术，在节能降耗及减少气井影响方面产生了显著的效果。

表3　2018年更换密封圈与更换阀体对比效果

序号	井号	台数	维修时间，h	维修费用，元
1	G1–8A	1	5	8000
2	靖平 01–11	1	6	8000
3	G1–12A	1	3	1
4	G01–13	1	3	1
5	G2–17	1	2	1
6	G3–17	1	3	1
7	靖 54–27	1	2	1
8	靖平 06–6	1	3	1
9	乌 22–8	1	2	1
10	陕 141	1	3	1
11	乌 24–6	1	2	1
12	乌 25–4	1	3	1

4.2　存在问题及改进措施

利用更换密封圈解决截断阀密封压盖漏气故障，取得了一定的经济价值，但新的工艺还需要对操作人员进行培训，传授技术要点，确保既要达到安全生产要求又要使企业达到降本增效。

随着更换密封圈不断应用在故障截断阀上，对该故障解决方式的发展提出了一些改善和要求：

（1）在更换密封圈后，为保证更好的密封效果，可在密封圈上方加入齿型填充聚四氟乙烯填料，安装密封压盖压实固定后可达到更好的密封效果，以保证不再出现外漏情况。

（2）目前更换密封圈的故障解决方式，是针对作业区使用的阀门进行分析而得出的，对其他厂家的阀门还需进行单独分析，以防止因阀门结构不同而造成此方法不适用的情况。

参考文献

杨玲，潘金华，张海金，等．紧急气动截断阀故障判断与处理方法．化工管理，2016（15）：209–209.

（作者：闫强，长庆油田采气一厂作业八区，采气工，技师；闫庆蓉，长庆油田采气一厂作业八区，采气工，技师；孙进军，长庆油田采气一厂作业八区，采气工，技师；张振宁，长庆油田采气一厂作业八区，采气工，高级技师；贺凯峰，长庆油田采气一厂作业八区，采气工，技师）

GE机组燃料气调节阀常见故障分析及处理

◆ 杨 明 王 龙 钟帅帅

1 引言

西气东输GE燃驱压缩机组使用美国伍德沃德EM35–3103燃料气调节阀对燃机转速功率进行控制。EM35–3103燃料气调节阀具有数字化控制技术，能精准控制燃料气流量，最终实现燃气轮机转速的准确控制，同时能够实现在事故状态下快速关断以保证人员及设备安全的功能。燃料气调节阀作为机组的重要控制设备，一旦故障直接导致机组故障停机或不能正常启动。EM35–3103阀为进口部件，采购周期长且费用昂贵。分析和排除常见故障，可有效降低机组故障率，减小备件消耗，降低生产成本。

2 燃料气调节阀的结构

EM35MR–3103燃料气调节阀结构（图1）由4部分组成，分别是EM35MR电动执行器、弹性联轴器、3103计量阀、阀门位置反馈装置。

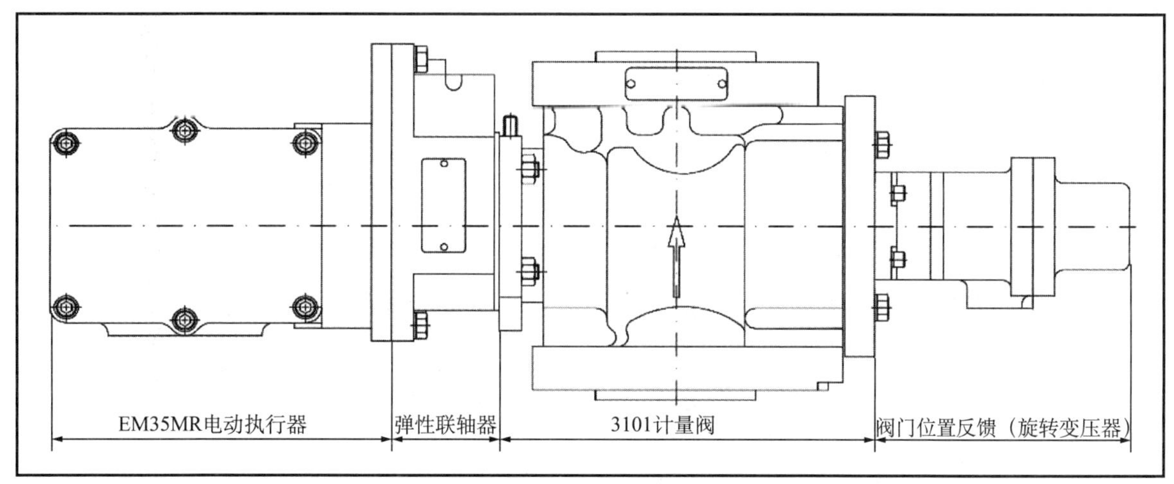

图1 燃料调节阀结构示意图

EM35MR电动执行器由符合防爆标准的全密封铝制外壳、24 ~ 30V高效无刷直流电动机、旋转变压器、两级行星减速器组成。弹性联轴器由铝制外壳与钢制弹性联轴器组成，主要用于执行器与3103计量阀杆连接，消除装配误差引起的不同心。3103计量阀是不锈钢阀体，阀芯由一个旋转式计量套筒和一个闸瓦式阀座组成，介质流通通道为旋转式计量筒上三角形通道。阀座通过弹簧加压与阀芯紧密配合，以达到密封截断并自动清洁计量阀芯。计量阀芯开度由执行器的输入轴定位决定，该阀内部有一个弹簧，在阀门驱动器断电时，阀门在弹簧作用下迅速关闭以保证天然气快速截断确保设备安全。3103 计量阀在所有动态密封面上都有两道密封，两个密封件之间有一个密封通风孔，可将可能通过第一个密封件泄漏的气体通过密封通风孔排放到安全位置。使用内部密封通风孔可防止第二道动态密封件带压，从而防止气体从阀门泄漏到周围环境中。阀门反馈单元由精确旋转变压器与外壳组成，通过简易联轴器与阀体相连。

3 燃料气调节阀的控制过程及作用

GE 燃驱压缩机组 MARK VIe 控制系统通过机组转速控制要求计算出燃料气需求及燃料气阀门对应的开度量，将阀门开度转换成 4 ~ 20mA 电流信号传输给 EM 阀门驱动器，阀门驱动器通过阀门旋转变压器测得阀门实际开度位置，与指令开度进行比较后驱动无刷电动机改变阀门的开度直到与指令开度一致。期间，阀门控制器通过电动机轴上的旋转变压器检测电动机转速、旋转角度从而快速准确地控制阀门开度。阀门动作反馈应在 500ms 内与控制器所发送的命令偏差小于 1%，否则系统判断阀门执行控制命令错误，阀门执行紧急切断命令。

EM35−3103 燃料气调节阀的主要作用是通过精确调节进入燃气轮机燃烧室的燃料供给量，燃烧室内燃料气燃烧后产生高温高压燃气，由热能转化为动能，从而改变对燃气发生器高压涡轮的做功量，实现调节燃气发生器转速的目的。燃料气调节阀相当于燃气轮机的“油门”，通过数字驱动控制器及控制软件，EM35−3103 燃料气调节阀能精准控制燃料气流量，从而使燃气轮机平稳运行，持续稳定的驱动动力涡轮旋转，从而带动压缩机持续做功。

4 燃料气调节阀的常见故障及处理

4.1 机组报 Fuel gas metering valve driver shutdown ES 紧急停机后阀门不能关闭

4.1.1 故障判断

用内六方扳手拧松联轴器轴套上的螺钉，拆掉联轴器壳体与阀体连接的 4 个螺栓，将执行器从阀门上拆下。观察此时如果阀门自动关闭，可判断为执行器卡滞；如果阀门未自动关闭而执行器可用手转动则判断为阀门卡滞。

4.1.2 故障处理

（1）执行器卡滞最为常见，对于执行器卡滞如有新备件对其更换即可。如果对执行器进行维修，可进一步拆解检查行星减速器轴承、减速器齿轮、电动机轴承是否磨损，如有磨损更换相应部件即可（图 2、图 3）。

图2 执行器行星减速器拆解

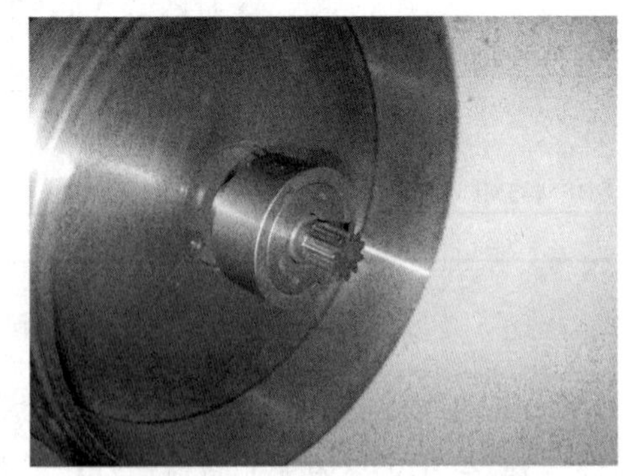

图3 电动机输出齿轮磨损严重

（2）阀门卡滞处理，拆解作用在阀座上的弹簧压板内六方螺栓，将阀座从阀门上拆卸下来，对阀座及阀体、阀芯进行清洗（图 4、图 5），检查是否有异物卡在阀座与阀芯之间，一般通过清洗可排除阀门卡滞。以上操作应在拆卸过程中注意阀座与阀芯的原作用位置，若发生 180° 旋转错误安装，则可能导致阀门密封效果降低或严重内漏。

图4 调节阀阀座

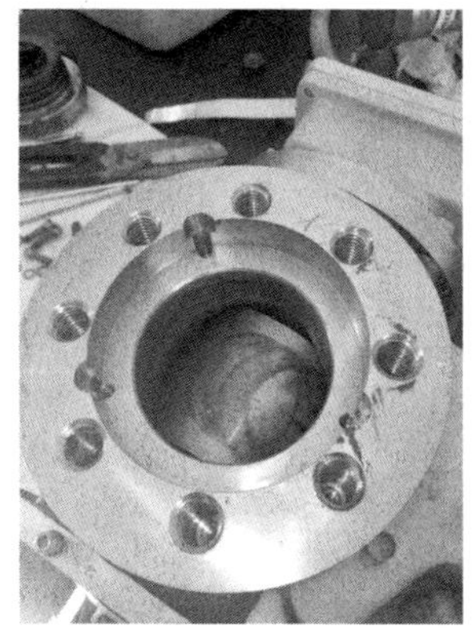

图5 阀芯

4.2 电动机旋转变压器故障

机组报 Fuel gas metering valve driver shutdown ES，应用 Woodward Driver Interface Program 驱动板设置软件（图 6）连接驱动板查看报警内容，发现"motor resolver excitation fault、motor resolver sine fault、motor resolver cosine fault"任意报警，可判断为电动机旋转变压器故障。

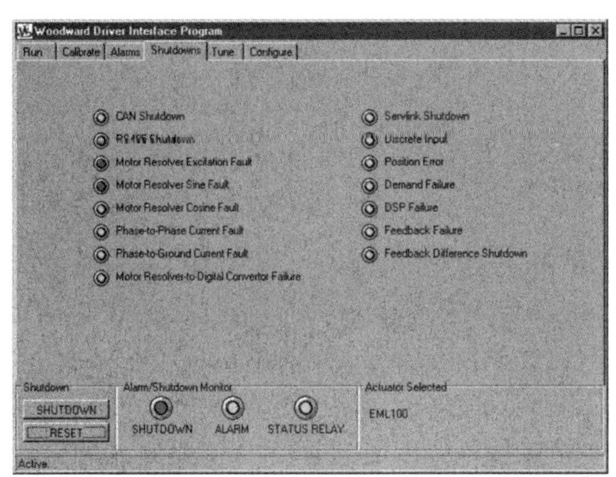

图6 驱动板设置软件界面

4.2.1 故障判断

断电拆开执行器接线端盖，拆除端子 1、2、3、4、5、6 接线，用万用表电阻挡测量 1、2 端子电阻为 45Ω，3、4 端子电阻为 170Ω，5、6 端子电阻为 170Ω，左右开路或短路都可判断电动机旋转变压器定子故障，电阻测量都正常，可判断为旋转变压器转子故障。

4.2.2 故障处理

拆解电动执行器外壳直至可见旋转变压器，旋转变压器定子使用胶水粘在电动机尾部，更换定子需用锋利而且薄的刀具清理粘接部位的胶水，插入缝隙将其撬下，新定子选用耐高温、耐老化且易清除的胶水粘接原位即可，粘接时注意旋转变压器缺口位置需与原位置一致。更换旋转变压器转子步骤为用卡簧钳在旋转变压器尾部压盖上两孔处固定，十字螺丝刀拆除压盖上方螺钉，即可取出旋转变压器转子。旋转变压器在轴和轴套上定位槽，更换时只需注意轴向正反即可。

5 燃料气调节阀运行维护

EM35MR−3103 燃料气调节阀虽设计为免维护阀门，但是从拆解与维修的情况观察，为保证使用寿命与安全运行需要注意以下几个方面：

（1）燃料气调节阀虽然通过结构设计使得阀芯有自洁功能，但燃料气内的杂质仍然对阀门有较大的损伤。一是固体杂质颗粒对阀口的磨损导致内部泄漏增加；二是杂质进入阀座与阀体之间的缝隙使阀座卡滞无法在弹簧的作用下与阀芯紧密接合从而发生内漏。综上所述，保证燃料气气质至关重要，运行人员需定期对燃料气过滤器进行检查更换。对燃料气管道、设备打开维修保养时应注意保持清洁，防止杂物遗留在管路内。

（2）燃料气调节阀在停机状态时虽然处于关闭状态，但直流电机仍然通电并且小幅度旋转，使得减速器齿轮始终在工作状态，造成齿轮局部磨损。建议机组长时间停机时对燃料气计量阀进行断电，以减小减速器的磨损从而延长执行器的使用寿命。

参考文献

刘银德 . EM35–3103 燃料气计量阀控制及故障分析 . 化工管理，2016（17）：5–6.

（作者：杨明，西气东输甘陕管理处，工程师；王龙，西气东输甘陕管理处，工程师；钟帅帅，西气东输甘陕管理处，压缩机工，助理工程师）

825镍基合金复合管焊接磁偏吹原因分析及解决方法

◆ 刘新海　曹遂军　王俊峰　范振豪　薛正才

在国外一油田集输管道施工中，管道材质为825镍基合金复合管，在焊接中出现了严重的电弧磁偏吹，无法正常进行焊接，严重影响了焊接质量和施工进度。分析现场焊接电弧磁偏吹情况，并选用合理的消磁方法，成功解决了现场825镍基合金复合管电弧磁偏吹焊接难题。

1　现场情况

（1）现场825镍基合金复合管复层材质N08825、基层材质X60，管径ϕ159mm×(3+9.5) mm，制造工艺为堆焊制造的冶金复合管，现场焊接工艺为氩弧焊焊接三层，焊条填充盖面，焊丝ERNiCrMo−3、焊条ENiCrMo−3。

（2）在用焊条填充时有电弧偏吹现象，还有ϕ2.5mm焊条在焊接过程中会出现突然断弧现象。

（3）有两道焊口用氩弧焊可以正常焊接三层，焊条填充时引弧困难根本无法焊接（图1）。

（4）针对焊条突然断弧问题，焊工增大电弧推力后有所好转。

（5）出现电弧严重偏吹和无法引弧焊接后现场焊工怀疑管口有磁性，用整根碳钢焊条和细铁丝、钥匙环能自然地吸附在管子侧壁（图2）。

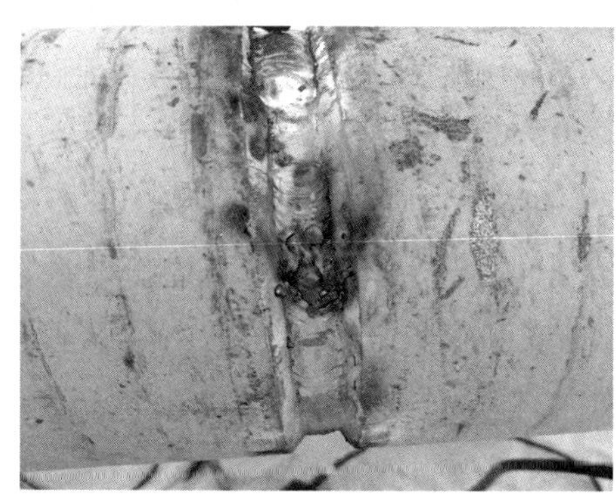

图1　焊条引弧困难

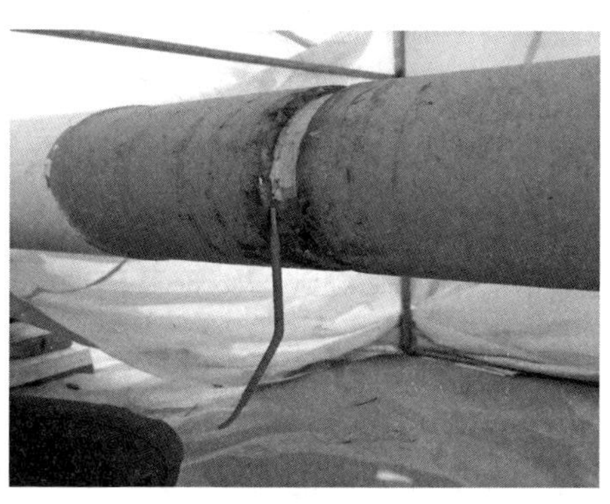

图2　现场磁性情况

（6）出现电弧偏吹和磁性问题后，进行了改变地线位置、分段退焊、缠绕把线消磁实验，多次实验中有时候效果明显，有时候磁力反而更大。

（7）针对焊口磁性大、电弧偏吹影响焊接问题，项目部积极联系焊接工程师求助解决办法，但经过近一周的反复实验后一直没有找到解决问题的有效办法，最后为了保证焊接质量决定暂时停止825镍基合金复合管的焊接，转场进行其他工程的施工，待找到解决方法后再进行焊接施工。

2 原因分析及解决方法

2.1 原因分析

（1）用HT20高斯计测量坡口磁性大小，坡口上从0点到12点，每一点磁性大小都不一样，在过渡层3～4mm范围位置磁性最大，碳钢侧接近管口表面越来越小。对多道口进行测量，磁性大小基本在0.3～3.9mT之间，在管子表面从管口往管子中间方向磁性逐步减小到无磁性，长度400mm左右。

（2）同一根管子有一侧坡口为S极，另一侧坡口为N极，也有都是S极或都是N极的情况，还有在一个坡口面上同时出现N极和S极的现象。

（3）对能吸附焊条没有焊完的两道焊口进行测量，磁性分别为8.0～9.4mT和6.3～6.7mT。这两道口磁性比较大，重点对其施工过程进行详细了解。在氩弧焊三层的焊接中没有发现异常情况，在焊条填充时发现电弧偏吹严重进而发展到无法正常焊接。最后了解的情况是填充焊工在焊接时把线搭在管子上导致增磁较多，最后电弧偏吹严重无法焊接。

（4）管子出厂时均经过消磁处理，但在长途运输过程中管子之间的摩擦、现场位于沙漠腹地、沙子对管头的冲刷均会使管子产生磁性，进而造成电弧磁偏吹无法焊接。

根据以上测量结果和情况分析，现场管子磁性大小不同、坡口极性不同，情况较为复杂。由于管口磁性导致电弧偏吹无法正常焊接进而造成停工，所以首要任务是尽快拿出消磁方法才能解决电弧偏吹难题。

2.2 解决方法

目前大部分文献资料推荐的消磁方法有高温加热法、锤击法、吸附磁铁抵消法、搭桥通磁法、专用消磁机消磁法、一台或者两台焊机缠绕把线消磁法以及采用交流焊接抵消磁力法等。

根据现场情况选择合适的消磁方法。现场每一道管口都有磁性，如果用高温加热法，第一工作量大，第二从工艺方面对825镍基合金复合管也是绝对不允许采用的；锤击法对于磁性较小的情况可能有效，磁性较大时效果不明显；吸附磁铁抵消法需要不断移动磁铁摆放位置才能达到理想的消磁效果；搭桥通磁法需要在管口两侧进行焊接，质量管理规定严禁在管口表面打火引弧或接触碳钢材质的工器具；现场施工工艺为直流焊接电源，焊机也都没有交流焊接功能，所以交流焊接抵消磁力法也被排除在外；专用消磁机消磁法需要购买设备，采购周期长而且操作较为复杂，在现场增加一台较大的设备给施工增加难度；两台焊机消磁法需要增加一台焊机，程序也比较复杂。综上分析，决定采用一台焊机缠绕把线的消磁方法。

一台焊机缠绕把线的消磁方法（图3）是先用高斯计测量坡口磁性大小和方向，消磁线圈产生的磁性方向要和管口原磁性方向相反才能抵消原坡口磁性。同时，根据通电螺线管中的安培定则，用右手握住管子，让四指弯曲与电流方向一致，大拇指所指的那一端是通电线圈的N极，然后确定缠绕把线的电流和产生磁性的方向，将焊机把线缠绕在管口的一端5～10圈，焊机电流调至100～180A，在钢板上用焊条焊接1～5s，停弧后用高斯计测量坡口剩磁大小，磁性如果减小，重复进行，直至磁性为0.3mT以下为止。消磁过程中如果效果不明显或者在一定的电流和线

图3　现场消磁

圈数确定后焊接时间对磁性变化影响不大，就应该考虑加大电流或者线圈数。

3　总结

现场825镍基合金复合管电弧磁偏吹情况复杂，对现场管口磁性情况和多种消磁方法对比分析后，采用一台焊机缠绕把线的消磁方法对管口进行了消磁。这种消磁方法不需要购买其他设备，充分利用现场已有的设备成功解决了现场825镍基合金复合管因磁性干扰导致电弧偏吹的焊接生产难题，而且消磁速度快、操作方法简单易学，焊工均能进行消磁操作。这种消磁方法在后续工程中得到普遍应用后，既保证了825镍基合金复合管焊接质量，同时也加快了工程施工进度。

（作者：刘新海，中国石油第一建设有限公司焊接研究培训中心，集团公司技能专家；曹遂军，中国石油第一建设有限公司，电焊工，集团公司技能专家；王俊峰，中国石油第一建设有限公司，电焊工，集团公司技能专家；范振豪，中国石油第一建设有限公司，电焊工，高级工；薛正才，中国石油第一建设有限公司，电焊工，技师）

导热油变质因素分析及优化措施

◆ 黄龙晖 陈 武 赵彦女 师红磊 梁 鑫

苏里格第三天然气处理厂2019年导热油炉外检中，导热油检测项中发现：闭口闪点为25.5℃，不符合《有机热载体安全技术条件》（GB 24747—2009）中闭口闪点≥ 100℃的要求；馏程偏低，表明导热油变质。导热油在使用过程中不断变质劣化是必然规律，导热油变质不仅降低传热效率，更危害设备安全运行。为有效分析变质原因，查找导热油变质核心因素，苏里格第三天然气处理厂将导热油变质三因素中的高温、氧化、污染逐一辨析，探索优化措施。

1 导热油品质变化的因素分析

1.1 高温热裂解因素

导热油的主要成分为烃类，在高温下不断发生裂解、缩合反应，产生的物质在导热油中起诱导因子作用，诱导导热油继续发生裂解和缩合反应，生成易挥发物质与较低闪点的低聚物。苏里格第三天然气处理厂导热油选用NeoSK-OIL 500有机合成型导热油，具有良好的热稳定性，适用于最佳操作温度 -20 ～ 300℃范围内的液相导热油系统。导热油的实际使用温度越低，与允许使用温度的温差越大，变质可能性越低。苏里格第三天然气处理厂导热油经注油泵将储油罐内的导热油送入导热油炉，在炉内加热至200℃，导热油最高许用温度高于实际使用温度30℃以上即可，现场差值100℃，因此高温因素可以排除。

1.2 氧化因素

导热油在氧的作用下，发生氧化并转化为各种氧化物存在。导热油中烃类在分子氧的作用下，形成自由基和过氧化物；自由基与氧结合生成过氧基；过氧基与烃类反应，从而形成恶性循环。在此反应链中，氧的含量和自由基的活性决定了反应的速度，而自由基的活性随着温度的升高也大幅提高。在金属和其他杂质的催化作用下，氧化速度也会增加。导热油高温下容易氧化变质，采取隔离措施予以避免。苏里格第三天然气处理厂对热油系统的膨胀罐内导热油采取了充氮保护的方法，氮气覆盖可防止导热油与空气中的氧气发生氧化反应，确保热油系统的封闭；同时氮气为循环系统提供一个进口压力以补偿导热油中的蒸气压力避免气蚀现象，确保其保持微正压状态。NeoSK-OIL 500导热油自身具有良好的抗氧化性，氧化因素可以排除。

1.3 污染变质

导热油中的杂质不仅会在工艺设备上形成沉淀、生焦、堵塞管线，更严重的是杂质会在导热油中形成活化中心，产生自由基，增大酸值，加速导热油的劣化速度。污染物对导热油性质的影响随意性较大，无规律可循，轻则影响导热系统的传热效率，重则导致油品报废和设备出现故障。

1.3.1　污染途径

导热油的化学污染主要来自供热系统外部，有两种途径可以导致供热系统内导热油污染。一种是来自工艺系统中被加热介质的泄漏。当被加热介质侧的操作压力高于导热油侧的操作压力时，若换热设备存在缺陷，系统内就有可能发生被加热介质的泄漏。另一种是新安装的设备及管线未消除内部存在的污染物质，造成导热油进入供热系统后被污染。

对于新装设备，苏里格第三天然气处理厂均采用氮气吹扫，第二种污染源可以排除。以凝液换热器为例，壳程设计压力 7.0MPa，管程设计压力 1.6MPa，工作介质：凝液 / 无危害介质（壳程），导热油 / 易燃（管程），实际操作导热油进口 0.38MPa，凝液进口 0.52MPa，第一种可能性无法排除。

1.3.2　污染确定

与新油相比，导热油在使用后运动黏度、倾点、闪点、初馏点和 2% 馏出温度均有所下降，见表 1。说明循环系统导热油中混入了黏度较小、倾点和闪点较低、密度较小、馏程较低的油溶性组分；下降幅度大，表明存在多处小的渗漏点或大的漏点；在用油外观浑浊、不清澈、不透明，同时凝液换热器出口样品黑色不透明，热媒循环泵出口样品黑色不透明；在用油水分上升幅度极大，表明水分含量较高。

表1　导热油品质检测分析表

项目		取样点		标准内容	使用标准
		新油	在用油		
闪点（闭口，）℃		179.5	25.5	≥ 100	可使用
				60 ~ 100	安全警示
				≤ 60	停止使用
水分，mg/kg		74	201	≤ 500	可使用
				500 ~ 1000	安全警示
				≥ 1000	停止使用
馏程	初馏点，℃	235	124		
	2% 馏出温度，℃	307	164		
运动黏度，m^2/s	40℃	45.24	11.92	≤ 40	可使用
				40 ~ 50	安全警示
				≥ 50	停止使用
	100℃	6.932	2.738		

倒运正常脱水流程，导热油回油温度控制在 105 ~ 115℃，由图 1 可知：随脱水时间推移，脱出总液量、含油、含水总体呈下降趋势，脱出液中含油量大于含水量，且含水量占比不断减小。

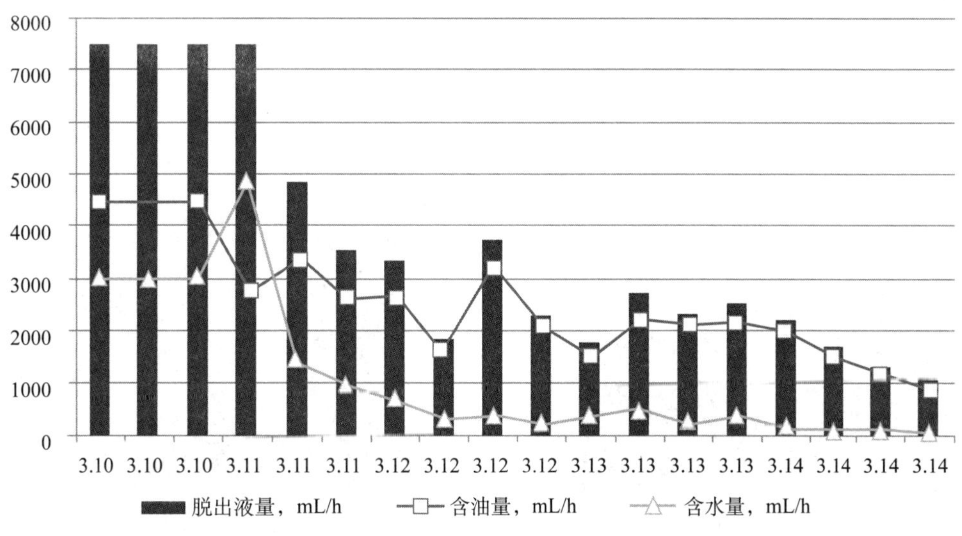

图1　脱出液中含油含水情况分析

对导热油炉系统脱水口取样，样品上下清液进行分析，测量其密度和浓度等，确认上下清液成分，见表2。

表2 导热油炉系统脱水口样品分析

样品	试验项目	上清液	下清液
2019.2.13 样品	浓度，%	97.75	9.23
	密度，g/cm³	0.79704	0.98405
	可燃性	极易燃	不易燃
	与水相溶性	不相容，分层	互溶
	与凝析油相溶性	互溶	不相容，分层
	与导热油相溶性	互溶	不相容，分层
2019.3.10 样品	浓度，%	101.06	22.33
	密度，g/cm³	0.78541	0.96329
	可燃性	极易燃	不易燃
	与水相溶性	不相容，分层（图2）	互溶
	与凝析油相溶性	互溶（图3）	不相容，分层
	与导热油相溶性	互溶（图4）	不相容，分层

上清液燃烧呈现橘色，橘色是液态烃类物质燃烧的特点之一。苏里格第三天然气处理厂产品凝析油密度0.728g/cm³，凝析油污油密度0.748 g/cm³，甲醇密度0.7918g/cm³，NeoSK−OIL 500导热油密度0.865cm³。上清液密度0.785g/cm³，大于处理厂凝析油密度、小于甲醇密度，也小于导热油密度。理论可以认为上清液为混有极少量未脱出导热油的凝析油，是否混有甲醇，需后续试验进一步判断。根据以上分析，污染源极有可能来自凝液换热器。

图2 上清液与水互溶试验

图3 上清液与凝析油互溶试验

图4　上清液与导热油互溶试验

2　试验确认

为判断污染源是否来自凝液换热器，对1号、2号凝液换热器分别进行打压试验，确定是否有漏点。

2.1　试验材料及步骤

试验材料见表3。

表3　试验材料及规格

材料	规格型号	数量	备注
凝液换热器	LUP 325×6−17−1.6/7.0−4−25	2套	新鲜水
吊车	25t	1辆	
打压泵	4DSY−10	1台	
吊带	10t	6条	
叉车		1台	
倒链		2套	
安全带		4条	
导向绳		2条	
警戒带		20m	

采用相应等级压力对凝液换热器运行压力进行试压，试压步骤如下：

（1）采用水力试压，全面检查盘管外表层，将试压管路与试压泵连接，匹配合格的压力表，压力表精度在1.6级以上。

（2）向盘管内注水，待管道中空气排净后，关闭排气阀。

（3）利用打压泵分多次对盘管管束进行打压，每次加压0.1MPa，打压后稳压5min内压力不下降，盘管无泄漏才能进行下一次打压。打压压力升至盘管管束最高试压压力后，稳压30min内压力降不大于0.02MPa，外观检查无渗漏，无可见的变形和异常声响为合格

（4）对发现有漏点的管束，在厂家指导下对漏点进行补焊，不能补焊的管束采取管束封堵的方式。

（5）管束试压验漏结束后，对所有管束进行冲洗，冲洗标准为采用洁净自来水，连续进行冲洗，冲洗时管内流速不得低于1.5m/s，排出口无可见杂物。

2.2　试压情况

对1号凝液换热器，从凝液壳程排污接入打压泵进行试压，压力打至0.63MPa，稳压2h，压力降至0.17MPa。打压至0.6MPa，并做保压试验至压力降为0。拆开凝液换热器封头，再次从壳程排污进行打压，观察管程中8根管束内有水流出，判断此8根管束存在窜漏，利用铜堵头对存在窜漏的管束进行封堵，见图5至图8。

图5　1号凝液换热器封头打开

图6　1号凝液换热器管程窜漏

图7　1号凝液换热器管程封堵

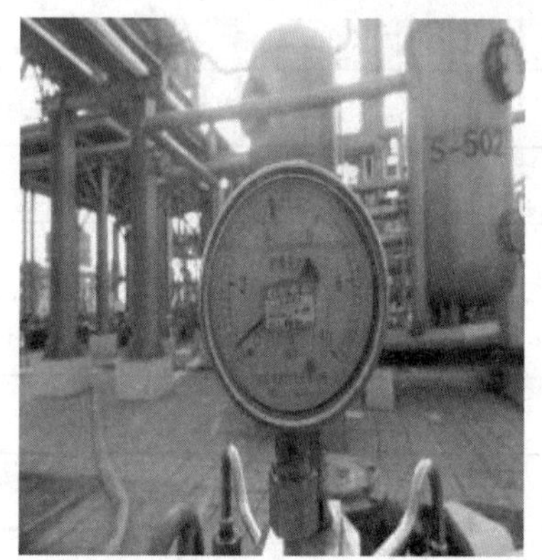

图8　1号凝液换热器壳程打压压力

倒运 1 号凝液换热器，停运 2 号凝液换热器，对 2 号凝液换热器壳程进行打压，压力打至 0.75MPa，稳压 2h，压力降至 0.53MPa。再从凝液换热器管程进口处接入，对管程进行打压至 0.6MPa，稳压 2h，压力降至 0.3MPa。拆除凝液换热器封头，再次从壳程进行打压，压力打至 0.75MPa，管程内无水流出，说明 2 号凝液换热器完好，见图 9、图 10。

图9　2号凝液换热器管程打压

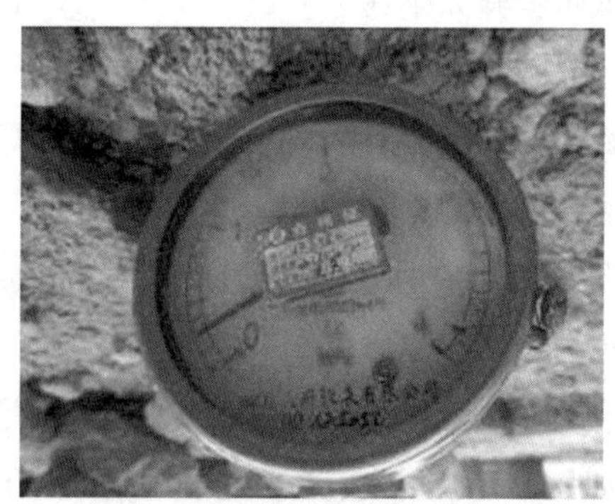

图10　2号凝液换热器管程稳压

3　结论及优化措施

3.1　结论

1 号凝液换热器试压，对窜漏的管程管束进行了封堵，恢复后倒运 1 号凝液换热器，停运 2 号凝液换热器。因含醇水原料罐液位低，甲醇回收装置停运，导热油炉的出口温度 86℃，进口 78℃，1 号凝液换热器投运，导热油脱水口有持续的气体排出，利用甲醇检测仪对排出气体进行检测，甲醇含量为2700mg/L。判断1号凝液换热器仍然存在窜漏，也证明上清液中含有甲醇。1号凝液换热器管程管束更换，检测样品合格，确定污染源为1号凝液换热器。

3.2 优化措施及效果

3.2.1 优化工艺流程，改变管程管束材质

改变管程壳程压力，增加管程压力，减小壳程压力，如果泄漏，管程导热油泄漏至壳程被加热液体中，中控人员通过监控系统及时发现，虽有部分经济损失，但相对导热油污染，可受控。凝液换热器壳体内凝液腐蚀性强，管束弯管段容易形成应力集中，造成泄漏，说明现有弯管材质本身无法承受应力。和生产厂家沟通后，降低材质碳含量，减小应力，采用不锈钢管束。

3.2.2 优化效果

改变管壳程压力后，第三处理厂有几处导热油泄漏，中控室及时发现避免更大损失。采用不锈钢管束，暂时未发现管束段泄漏。

（作者：黄龙晖，长庆油田采气一厂，采气工，高级技师；陈武，长庆油田采气一厂，采气净化工，高级技师；赵彦女，长庆油田采气二厂，采气净化工，高级技师；师红磊，长庆油田采气二厂，采气净化工，技师；梁鑫，长庆油田采油三厂，采油工，初级工）

MWD仪器打捞扶正助推环的研究与应用

张耀先 田 军

1 技术背景

MWD仪器主要应用于石油钻井系统，对于降低钻井成本、保证钻井安全及加速钻井科学化和自动化进程等均具有重要意义。随着钻井技术的发展，人们希望随时了解井下的更多情况，从而对MWD的测量功能提出了更高的要求。MWD仪器能够测量井斜、方位及工具面等工程参数，为井下的钻头进行导向钻进，而且也能对钻压、钻头扭矩等力学参数进行测量，同时可以测量地层自然伽马、电阻率、孔隙度等地质参数，解释评价层特性、有效控制井眼轨迹穿行于油藏最佳位置，实现地质导向。

目前，MWD仪器的使用频率非常高，尤其是水平井离不开MWD仪器，但水平井比其他普通井存在更大的风险，井塌卡钻事故随时都有可能发生，一旦发生首先要将井下的仪器打捞出来，从而避免仪器被埋井下的重大损失。

2 存在的问题

在水平井内MWD仪器的打捞很难成功，通过对MWD仪器打捞工具、水平井的特征分析研究，主要存在以下几个方面的原因：

(1) 打捞器下放到水平段后，打捞工具紧靠钻具水眼下方，无法在钻具水眼内居中，导致打捞器很难和仪器捞矛准确并成功对接，造成经常打捞失败。

(2) 打捞器下放到水平段后无法依靠自身重力作用继续前行，只有依靠其他动力才能实现打捞工具在水平井段前行。在实际打捞现场已经证实，当井斜达到58°～60°时，增加多少根加重杆，打捞工具都不会前行。

(3) 如果通过循环装置依靠钻井液流速来推送打捞工具，排量大、泵压高会造成循环装置的密封件、打捞电缆被刺坏；如果小排量低泵压，无法推动打捞工具前行。

3 解决思路与方法

为了解决以上打捞工具在水平井内无法成功打捞的难题，利用等势原理、气动与液压结构原理以及滚动摩擦，研究解决思路：

(1) 通过等势原理研制一种扶正助推环使打捞工具在钻具水平段内居中，避免打捞器和仪器捞矛之间错位造成对接失败或仪器捞矛之间的被卡现象发生。

(2) 依靠循环时钻井液压的助推作用驱动扶正助推环如同活塞一样带动打捞器继续前行，实现打捞器和MWD仪器捞矛的成功对接。

(3) 在打捞工具的径向不同位置增加滑轮减少打捞器前行时的阻力。

根据钻具水眼、打捞器、仪器捞矛的结构及钻井液的流动水力作用进行研究分析，采用流线型的结构设计，通过减轻打捞工具的重量，将滑动摩擦滑轮变为滚动摩擦滑轮，研制了具有扶正居中、助推作用的扶正助推环来解决水平井打捞的难题。

选用硬质耐磨的塑料加工成内径 40mm、外径分别为 53mm、56mm、58mm、60mm、62mm，高度 18mm，外圆倒角的扶正助推环（图 1）；选用铝合金材料制作加长杆（图 2），在加长轴向不同位置研制均布了 4 个外径不超过对接引鞋的滑轮，减少前行阻力。

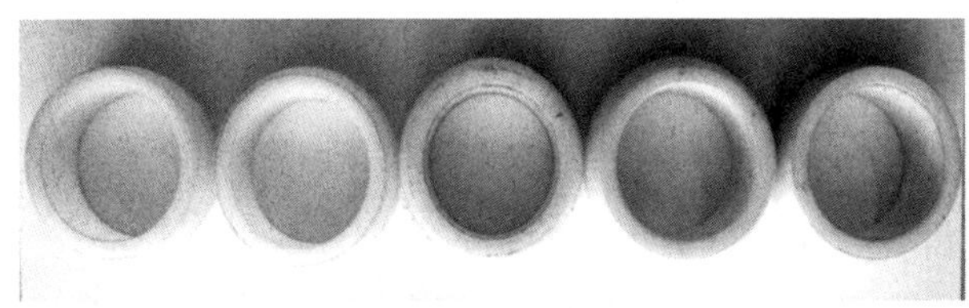

图1　扶正助推环

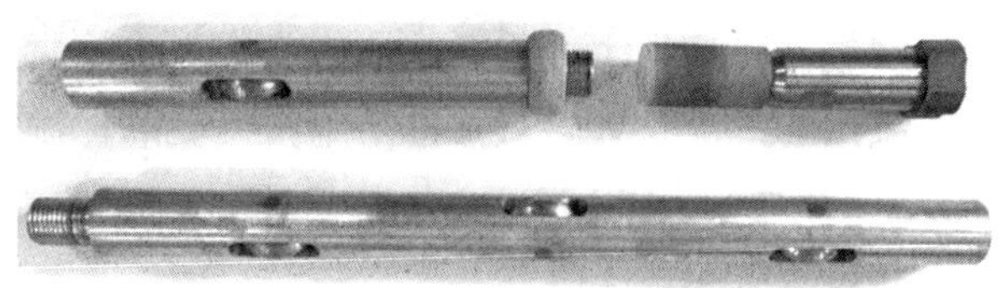

图2　加长杆、滑轮

4　操作方法及原理

打捞前，首先将扶正助推环连接在加长杆和投捞器之间，组装好整个打捞装置并和绞车电缆连接，将打捞工具在井口连接好的循环头中下入井中，待打捞工具到达水平段后，组装好循环头内所有密封组件，并进行电缆和水眼之间的密封，既要防止钻井液刺漏，又要保证电缆能够下行。此时低泵速、小排量开泵，打捞器在循环液压的助推下，扶正助推环如同活塞一样带动打捞器继续前行，同时打捞器加长杆的滚动滑轮滚动前行，有效减少前行阻力，打捞器到达 MWD 仪器捞矛位置后，在扶正助推环的扶正作用下和 MWD 仪器捞矛成功对接。此时，启动绞车将 MWD 仪器从井底打捞到地面，这样就完成了整个 MWD 仪器在水平段的打捞。

5　应用案例

研制了 5 种不同型号的“打捞器扶正助推环”和滚动滑轮，弥补打捞器工具的缺陷和不足，确保 MWD 仪器在水平井内成功打捞。

2013 年 12 月 5 日，连平 23–1 井，井深 4608m、井斜 70°。

2017 年 11 月 16 日，三塘湖马 706H 井，井深 2419m、井斜 91.4°，两口井发生卡钻后，应用“打捞扶正助推环”成功将无线随钻仪器打捞出来。

2019 年 8 月 7 日，部署在吐鲁番火焰山、葡萄沟北的葡北 8–35 井，当初设计井深为 3677.72m，打完进尺后，由于地质原因更改设计，需加深 100m。当钻至实际井深 3677m、密度 1.35g/cm³、黏度 65s、井斜 85.35°、方位 80.19° 时发生了卡钻。经多次震击、浸泡、活动钻具等方式来处理，未能解卡。采用该打捞工具进行打捞，连接循环头，加压密封，开单阀，泵压 4MPa 下送打捞工具至仪器捞矛位置，成功对接后泄压解除密封，开始起升时绞车扭矩达到了 20kN 后突然下降至 12kN，依据扭矩的变化判断，打捞成功，当日 17：20 将 MWD 仪器成功打捞到地面。

6　结束语

MWD 仪器打捞扶正助推环制造简单，实用性强，投资少，使用成功率高，能随时的将水平井段内的 MWD 仪器打捞出来。截至目前共打捞 42 次，创效 2000 多万元（50 万 / 套 MWD 仪器），降低了仪器的使用风险，对环境无污染，可广泛应用于石油钻井系统水平定向井内无线随钻仪器的打捞，以提高钻井的综合经济效益。

（作者：张耀先，西部钻探工程有限公司吐哈钻井公司技术服务公司，石油钻井工，集团公司技能专家；田军，川庆钻探工程有限公司长庆井下作业公司，井下作业工，集团公司技能专家）

防冻防盗取样取压集成装置的研制及应用

李 英

在现阶段的油田管理新形势下，需要对采油井口装置进行细致研究，分散式结构的采油井口装置已经无法满足油田的日常管理需求。根据近几年新民油田油井生产现场井口管理方式调研，部分井口防护用具出现闲置，管理及维护难度较大。井口流程中的取样阀、憋压阀都是手轮式挡板阀，不具备防冻防盗的功能，尽管也采取缠塑料保湿的方式，但效果并不明显。因此，加强对防冻防盗取样取压集成装置的研制与应用就成为油田生产管理的迫切要求。

1 现有油井井口工艺流程情况

采油井口工艺流程一直延续着建产时的管理模式，现场管理水平与发展需求逐渐不相适应，可持续发展与同步提质增效的矛盾亟待破解。在新民油田生产现场，油井井口基本均采用分散式的井口流程，在开发过程中，北方油田冬季因气候的影响时常会发生冻凝等现象，给开发资料录取和安全生产带来很多不便，而且井口单流阀易坏，更换及维修难度较大。为解决此类问题，也曾做过各种创新，但都因价格高、操作不方便等原因，渐渐取消使用。

2 现有油井井口工艺流程存在的不足

北方油田冬季油井井口生产（图 1）是影响开发水平的一个重要因素，特别是取样、憋压等常规性操作都会因井口录取资料的释放阀门发生冻凝而无法正常完成，导致油样、压力等数据不能在第一时间录取，严重影响开发资料的及时性和准确性。目前现有的工艺流程存在以下弊端：

（1）井口部件较多，工艺面积较大，热能损耗比较严重。因生产需要，井口控制部件多而且裸露面积大，增加了保温费用的投入。为了减少井口流程的热能损失，目前都是采用传统的保温棉包裹的方式进行保温，一年安装一次，拆卸一次，期间还要多次维护。

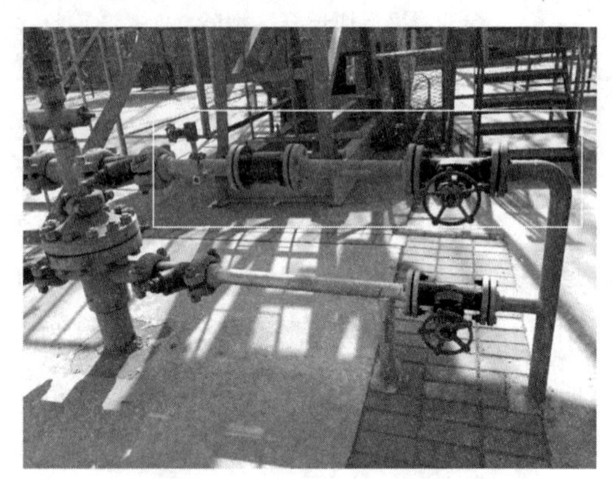

图1 现有采油井井口流程

（2）取样阀和憋压阀冬季非常容易发生冻凝。现有油井井口的取样阀和憋压阀无论是集成到一体还是分散的，都直接从管线中分支出来，管壁较薄，在寒冷的冬季，取样阀打开时取不出油样，导致操作人员无法正常进行取样、憋压等井口资料录取工作。

（3）不具备防盗油功能。油井井口上的取样阀和取压考克无防旋拧设计，随意开启，经常发生盗放原油事件，给企业造成较大经济损失的同时也带来了严重的安全环保事故隐患。

（4）单流阀一旦密封不严后，不可维修，更换困难。现有单流阀的流体流向控制全部采用金属弹簧助推密封，因弹力作用，导致回压增高，抽油泵负荷增大影响产量。助推弹簧腐蚀或折断后造成流体流向控制失效，油井一旦出现管漏或泵漏失情况后，会发生原油倒灌问题。

3 防冻防盗取样取压集成装置的研制

针对以上分析的所有问题，设计了一种多功能组合装置，它是一种具有防盗、防冻凝、取样、取压、憋压、流体流向控制等多项功能于一体的井口装置。它的设计采用了 PDCA 循环分析法，经过了多次论证，满足了北方油田冬季生产的需求。防冻防盗取样取压集成装置的研发使油田的开发管理水平上升一个新台阶，常态化管理与使用，加快推进了生产建设的步伐。

3.1 防冻防盗取样取压集成装置内部结构

防冻防盗取样取压集成装置（图 2）内部结构大体有两部分，上部分主要实现单流阀功能，设计思路来源于深井泵工作原理，下部分主要实现取样取压防冻防盗的功能。对液体的流动路径进行了规定动作，油井产出的液体经进液口进入，流经取样取压装置，顶开阀球，进入腔体内，再经过液体出口排出。该装置的所有开关阀全部采用偏心隐藏设计，必须用专用工具打开，因此具有防盗功能。由于取样取压装置始终处于阀体中间的流动液体中，因此又具备防冻功能。

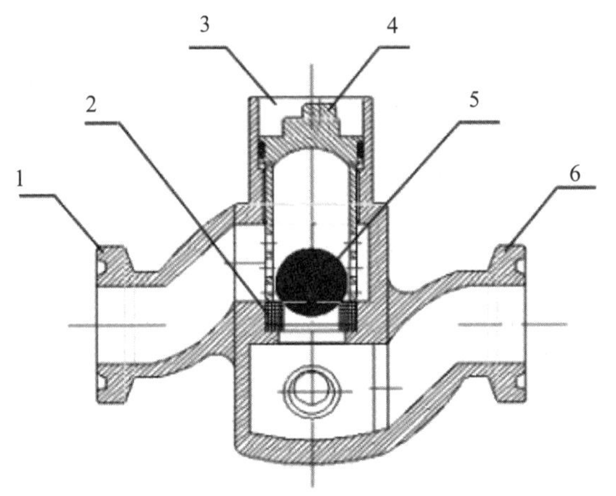

图2 防冻防盗取样取压集成装置结构

1—油井出液口；2—密封座；3—单流阀更换通道；4—偏心凸体；5—密封球；6—油井进液口

3.2 便修式单流阀设计

装置集成了单流阀（内部结构见图 3）的止回功能，在装置的中间部分设计为单流阀更换通道，维修时需用专用维修扳手（图 4）通过旋拧取出护罩，再通过扳手一侧的吸拿磁钢吸出阀球。为了防止吸拿磁钢在阀体内吸取阀球过程中被周边的阀体吸着，而影响下放速度，增加下放难度，使用也十分不方便，在吸拿磁钢处罩上一

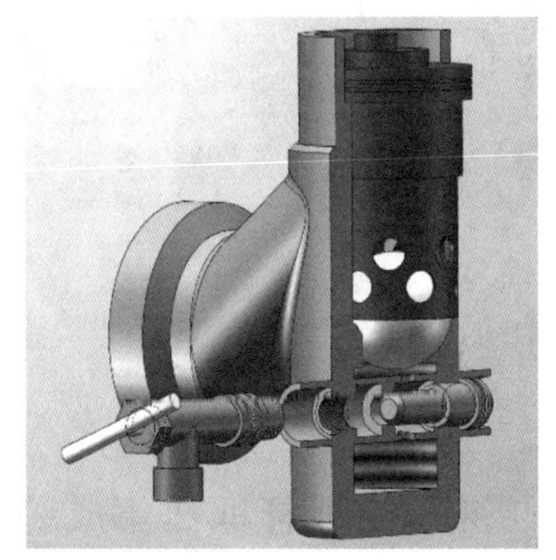

图3 单流阀内部结构

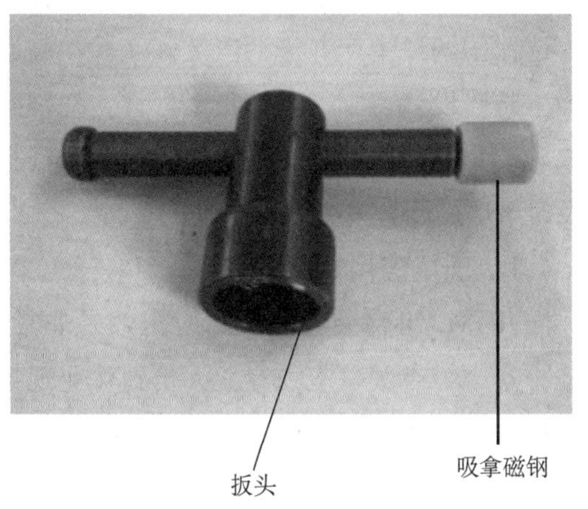

图4 专用维修扳手

个塑料护罩，这样可以没有任何阻碍地直接伸入阀体内部吸取磁钢。当单流阀出现故障不能实现止回功能时，岗位员工可以按维修指南中相关操作步骤对单流阀进行自主清洁和维护，不但降低了维修维护成本，而且减少了拆装、安装工序。

3.3 取样取压功能设计

进行取样操作时，用专用取样器（图5），把它安装在流体出口处，取样孔向下，将推拉手柄移至终端。专用钥匙打开另一侧的启闭插口，阀体内新鲜的油样就被取出。取完样后关闭启闭插口，取下取样器，并利用推拉手柄将取样器内的残余油推到样桶内。如进行憋压，就将取样孔向上，安装压力表同理完成憋压操作。

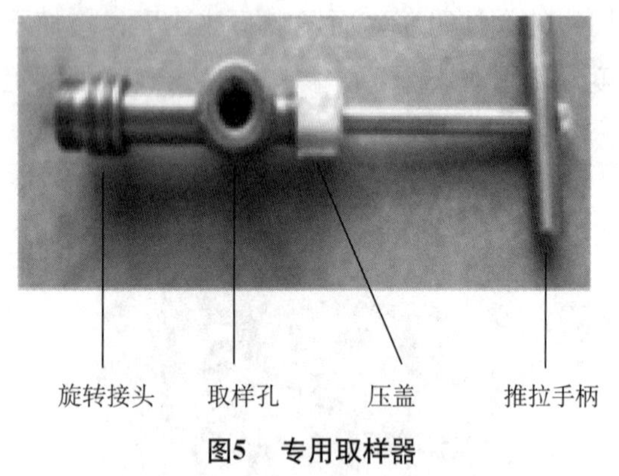

图5 专用取样器

4 防冻防盗取样取压集成装置现场应用

经过多次的改型设计，最终确定了可行性方案，选择了两口生产井进行安装和实验，装置的防冻、防盗设计得到了操作员工好评，特别是取样取压装置的特殊设计，有效避免了冬季资料无法及时录取的问题发生。

4.1 现场应用情况

油井井口组合装置的现场应用效果非常好，工艺、安全等有关科室的专业人员到作业现场进行了技术、安全方面的评价，均达到了技术要求。目前已经在7个采油队的630口井进行安装。创新团队从安装到操作，都给予了培训和指导，从现场使用效果及现场问题反馈看，使用2年来没有发生过一次基层单位申报维修和更换的现象，因此它的故障率较低。

对2年来装置现场应用情况做了数据对比（表1），跟踪了100口井的使用状态，明显看出装置满足了现场需要，达到了技术指标。

表1 防冻防盗取样取压集成装置使用前后效果对比（跟踪井数100个）

项目	应用前	应用后
单流阀维修次数，井次	12	0
取样取压及时率，%	75%	100%

4.2 操作规程制定

为了确保装置在使用过程中的安全性和规范性，提高工作质量和应用效能，结合现场管理特点及生产实际，对装置的可行性研究进行了系统论证，满足岗位操作的内在联系符合实际的要求，制定了一套《安全操作规程》《使用说明书》和《安装维护说明书》，建立起系统的操作管理体系。装置在加工制作过程中，必须提供检验合格证，批量产品在使用前要做抽检实验。

4.3 效益评价过程

该装置节省了井口单流阀、取样阀、憋压阀、回压阀及综合人工、维修等各项费用，一口井可节约1500元，此装置794元，到目前共安装630口井，在材料费上就节约45万元。有效降低了员工劳动强度，提高了工作效率。如果从开发资料录取及时性考虑，创造的效益将更为可观。

5 结论

（1）该装置具备防盗油、防冻凝、液体止回、取样取压四大功能，设计压力为25MPa，有效解决了传统简易井口流程在录取油井动态资料过程中出现的难题。

（2）该装置节省取样阀、憋压阀、单流阀、回压阀，实现一机多用的功能。

（3）装置的使用降低了工人的劳动强度，减少了维修成本，降低了系统运行损耗，提高了资料录取及生产维护的技术水平。

（4）装置在安装时有一定要求，必须垂直安装工艺流程中，与井口生产阀门配合使用完成生产任务。

参考文献

[1] 唐磊 . 采油基本技能操作读本 . 北京：石油工业出版社，2006.

[2] 于云琦 . 采油工程 . 北京：石油工业出版社，2008.

[3] 霍兴旺 . 采油管理实务 . 吉林：吉林人民出版社，2008.

（作者：李英，吉林油田公司新民采油厂，采油工，高级技师）

差压测量仪表校验装置的设计

张凤光

差压测量仪表在炼化企业应用广泛，按照其结构可分普通导管式和法兰式两种。其中法兰式差压仪表受压膜盒与法兰形成整体，通过充填硅油的毛细管传递工况压力，不需要蒸汽或热水伴热，为企业降低了能耗，此类仪表测量精度高、维修方便、故障率低、抗干扰能力强，可实现管道流量、设备差压、容器液位测量，为炼化生产实现精准参数测量。法兰式差压仪表实际使用中，受工艺操作波动影响会出现零点漂移，使测量精度降低和线性指标下降，而且此类仪表目前属于强制定期检定设备，所以维修人员需定期通过校验设备对仪表进行校验，来保证仪表精准测量。

1 差压仪表校验存在的问题

目前仪表校验时，由于仪表安装立柱垂直度不够，导致标定时带来系统误差，使各项性能指标达不到技术要求；由于法兰仪表受压膜盒与法兰形成整体结构，目前没有专用法兰加压设备对仪表进行加压标定。当测量液位的法兰仪表进行标定时，要根据实际使用时受压膜盒间安装距离进行零点迁移，同时要对迁移后的测量范围进行迁移测试，而现有校验装置是无法实现的。目前，炼化企业对法兰式差压仪表都无法进行单体加压校验和迁移测试，只能将仪表直接安装到现场，导致有故障的仪表无法提早发现，给安全生产带来隐患，也违背仪表单体调校合格和性能测试合格后才能安装的施工规范。

2 差压仪表校验装置设计方案

2.1 法兰式差压仪表校验装置结构说明

为解决炼化企业法兰式仪表无法单体加压校验和迁移测试的问题，经过论证试验后设计了一种差压测量仪表校验装置，实现对各种类型仪表的校验和迁移测试，校验装置设计见图 1。

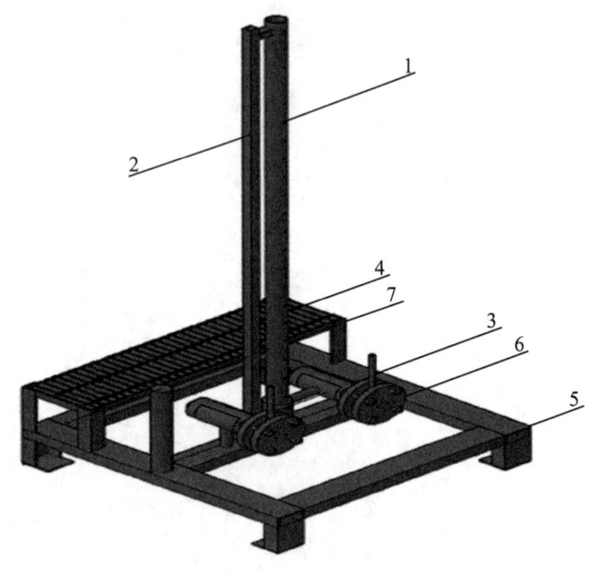

图1 校验装置

1—导向管；2—2m标准刻度尺；3—法兰固定加压套筒；4—踩踏格栅板；5—基座；6—可移动加压套筒；7—仪表固定杆

其中固定加压套筒、可移动加压套筒、导向管是装置的基础，主要针对法兰差压测量仪表单体校验和迁移测试。

2.2 差压仪表校验装置使用说明

2.2.1 普通导压管连接仪表校验

在进行导压管连接的普通差压测量仪表校验标定时，只需将仪表固定在校验装置的正方形基座上的仪表固定杆上即可，仪表正压膜盒连接标准校验加压设备，根据校验标准对零点量程进行调整，之后再进行仪表线性特性加压测试，保证仪表校验各项性能指标达到规范要求。

2.2.2 法兰式仪表单体校验

当校验双法兰式仪表时，首先将仪表固定在校验装置正方形基座的仪表固定杆上；再将法兰膜盒负压室固定在可移动加压套筒上，套筒尾端与大气相连，正压室膜盒安装在固定式加压套筒上，套筒尾端卡套接头与标准加压设备相连，将两个加压套筒移动至刻度尺0刻度线，在无迁移状态下调整仪表零点，在正压室套筒尾端进行加压调整量程，之后进行线性化校验测试，保证仪表单体加压调校合格。单体校验合格后，根据实际现场使用时正负压膜盒安装高度，进行迁移量计算，使用手持终端对仪表进行测量范围设置。

2.2.3 法兰式仪表迁移测试

单体调校合格且迁移设置结束后，首先将可移动加压套筒移动到与实际现场使用相同高度(达不到现场实际高度可模拟2m以内高度)，法兰中心线与刻度线对齐并用直径8mm的销钉杆穿过导向管和外套进行固定，此时仪表输出应为零点，如不是零点应进行调整，并根据迁移后的测量范围，利用加压装置在正压室套筒加压模拟实际液位产生压差，实现负迁移测试。如法兰式仪表正压膜盒固定在校验装置的可移动套筒上，负压膜盒安装在校验装置的固定套筒上时，单体调校方法同上，这种情况属于正迁移，迁移测试时只需将正压侧套筒移到实际对应高度，在负压室套筒加压进行正迁移性能测试即可。

校验装置实物图见图2。

图2 校验装置实物图

2.2.4 差压仪表校验装置升级改造

这套校验装置投入使用后发现存在一定缺陷，即法兰压力等级和口径单一，每次只能对一台仪表校验；工作效率低，而且法兰套筒安装上仪表法兰后重量加大，显得笨重，在进行迁移测试时需要人工抬起笨重法兰，操作人员劳动强度大。针对这些缺陷对这套设备进行了全面升级改造。

首先将设备体积缩小并且减轻重量，使其精巧美观，将原来两个法兰圆柱套筒改为两个方管腔体结构，并且在腔体内部中间位置增加隔板，在腔体两侧各焊接一个不同压力等级的法兰，这样可同时实现对不同压力等级两台仪表的校验和测试，大大提高了工作效率。同时，利用一套滑轮组通过钢丝绳扣挂接一个腔体，利用电动机正反转驱动来实现腔体与法兰仪表膜盒自动升降，大大降低劳动强度。

改造后实物图见图3。

图3 改造后的校验装置实物图

3 应用效果

仪表校验装置使用范围广、资金投入少、效率高、便于加工制作。它克服了现有法兰测量仪表校验中存在的缺陷，还减轻了仪表维护人员工作量。它不仅可以完成仪表单体校验还可以实现模拟现场实际使用情况进行迁移性能测试，能准确发现故障，避免故障仪表安装到现场；保障了生产安全，实现了工艺参数的精准测量。同时，满足了《石油化工仪表工程施工技术规程》（SH 3521—2013）对仪表单体调校合格、性能测试合格才能在生产装置使用的施工技术规范。

4 经济效益

这套校验装置从 2017 年投用至今，累计节约资金近百万元。同时，还利用这套装置实现了员工实操培训，使员工全面掌握了法兰式仪表的原理和使用方法，并取得了一定的社会效益。此校验装置不仅适用于炼化企业，同时对油田企业所使用的同类仪表也适用，具备很大推广价值。

（作者：张凤光，抚顺石化公司，仪表维修工，高级技师）

快速加密封填料工具的研制与应用

◆ 李金艳　庞庆梅　梁国斌　唐相辉　陈　娜

在油田生产过程中，抽油机井密封填料在使用一段时间后会出现磨损，光杆上行时带油，严重影响环保。传统更换密封填料的方法是利用锤子通过对螺丝刀进行敲击，让皮带及胶圈密封填料下行。由于工具自身笨重、敲击频次较高，在砸皮带过程中费时费力，需多人配合，影响开井时率；且存在安全隐患，易损伤光杆和密封盒，以及对操作人员造成伤害等。因此，有必要研制快捷加密封填料的工具。

1　现状及问题分析

油田生产后期，产液量低含水上升，光杆腐蚀严重，很多抽油机井间歇出油，使密封填料磨损加剧，出现偏磨、含沙等现象。

传统更换密封填料操作需要 2 ～ 3 人配合，砸皮带使用的工具有榔头、卡瓦、螺丝刀，需要 1 人拉紧皮带，1 人手扶卡瓦用力将皮带砸入，费时费力，每次操作需用时 30min 以上，劳动强度大。

研制一种往密封盒里添加密封填料的专用工具，代替榔头敲击往里砸皮带的添加方式，提高更换密封填料效率。为此，设定的目标是：一人独立完成操作，减少操作完成时间，提高单井生产时率。

2　快速加密封填料工具

2.1　工具结构

该装置由光杆卡子、连接片、剪式千斤顶、加装片、充电式锂电扳手等部分组成，如图 1 所示。

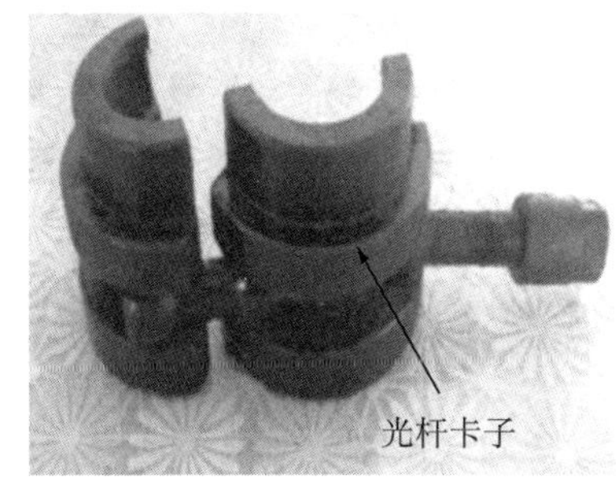

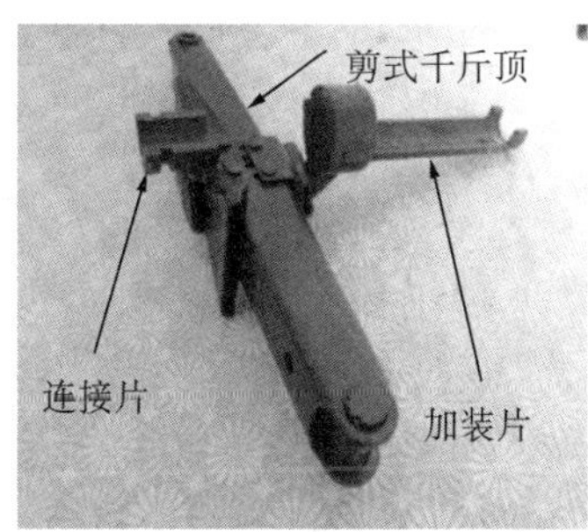

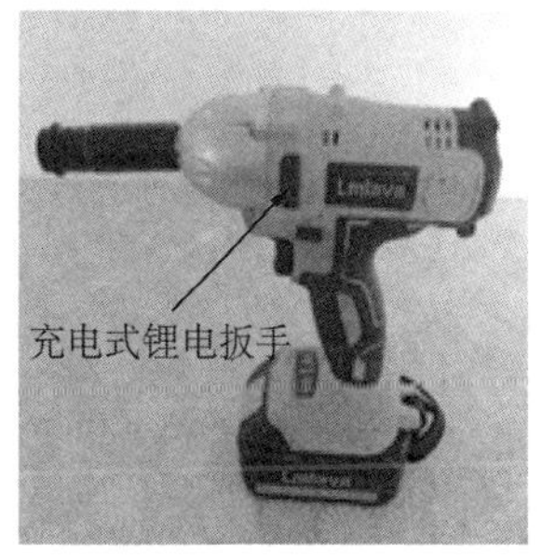

图1　快速加密封填料工具结构示意图

光杆卡子的作用是卡住光杆，托住密封填料压盖，与连接片的卡槽相配合，固定剪式千斤顶。

连接片的作用是与光杆卡子配合，使其在光杆卡子卡槽内围绕光杆旋转至任何位置。

剪式千斤顶：通过充电式锂电扳手带动剪式千斤顶的顺时针和逆时针旋转，可以快速调节两个等腰三角形底边的长短，达到快速、省力进行提升和下降的目的。

加装片：剪式千斤顶张开时加装片下降对密封填料起到向下压实的作用。

充电式锂电扳手：与剪式千斤顶丝杠相连，控制加装片的升降。

2.2 工作原理

加密封填料时，将光杆卡子与连接片组合在一起支撑密封盒，将剪式千斤顶固定在光杆卡子与密封盒之间，使用充电式锂电扳手控制剪式千斤顶丝杠来调节剪式千斤顶开合，带动加装片上下移动，利用加装片下压的力加入密封填料，方便快捷，更换一口井密封填料只需 10min。

主要技术参数：锂电扳手冲击频率 0 ~ 2800r/min，最大扭矩 280N · m，空载转速 0 ~ 2800r/min。

3 现场应用情况

2018 年 9 月至今，在大庆油田第三采油厂第二油矿和第一采油厂第二油矿 12 个采油队，应用 216 井次，没有因榔头磕碰密封盒而损坏密封盒现象的发生，避免了更换皮带时对人员、光杆的伤害，为抽油机井快速加密封填料提供了强有力的保障。

快速加密封填料工具便于携带、使用方便，大大提高了工作效率。

更换井口密封填料时间由以往的 30min 下降至 10min，按每井次每年更换密封填料 6 次，日产油 10t，每吨原油价格 2300 元计算，第三采油厂第二油矿及第一采油厂第二油矿共计 1465 口常开井，每套工具成本 300 元，每个班组配套一套工具，共计 20 套。经济效益如下：

$$(30-10)/(60\times 24)\times 6\times 10=0.83\text{t}$$

$$0.83\times 2300\times 1465-300\times 20=279\text{ 万元}$$

4 结论

快速加密封填料工具制造工艺简单，安装方便，适用于各种机型的抽油机井井口加密封填料作业。现场试验获得成功，已在大庆油田第三采油厂和第一采油厂全面推广，在抽油机井加密封填料领域范围内，应用前景广阔。

（作者：李金艳，大庆油田有限责任公司第三采油厂第五油矿，集输工，高级技师；庞庆梅，大庆油田有限责任公司第二采油厂第二作业区南三一联合站，集输工，高级技师；梁国斌，大庆油田有限责任公司第三采油厂第二油矿，采油工，高级技师；唐相辉，大庆油田有限责任公司第一采油厂第一油矿，采油工，高级技师；陈娜，大庆油田有限责任公司第五采油厂第二油矿，采油工，技师）

浅谈双公接头拆装工具设计与应用

王全义

松辽盆地地震勘探主要采用成型药柱为激发源，在地震勘探钻井作业时，WT50型钻机是主要的钻井机械，双公接头是连接钻机动力头与钻杆的重要连接件，钻井过程中接、卸钻杆时，双公接头与钻杆内螺纹之间频繁上扣、卸扣，致使螺纹磨损，导致双公接头更换频繁。同时，司钻操作技能水平高低和地层岩性对双公接头的使用周期有决定性影响：技能水平较高的司钻在胶泥地层钻井，每月需更换3个双公接头，技能水平较低的司钻每月需更换10个左右双公接头；砂岩钻井地层每天需更换3个双公接头。目前，WT50型钻机拆装双公接头有两种方法：一是人工拆装，使用两把管钳，一把管钳夹在双公接头侧肩，另一把夹在滑套上，这种拆装方法费时费力，拆装速度慢；二是利用管钳配合钻机液压系统击打井架拆装双公接头，这种方法易导致管钳脱出或管钳柄磕断飞出，造成人员伤害。

由于人工拆装双公接头效率低，利用管钳配合钻机液压系统击打井架拆装属违章操作，因此，研制新型专用拆装工具替代管钳成为急需解决的问题。

1 拆装工具设计制作

研制专用拆装工具应实现拆装双公接头安全性高、拆装速度快、节约成本支出。设计的新型专用工具，利用原有双公接头外形结构，配合钻机液压系统运用旋转击打井架的方法拆装双公接头，由于专用拆装工具夹紧头采用闭合式结构设计，既能保证安全又能提高拆装速度。

专用拆装工具（图1）采用长455mm、宽139mm、厚度30mm的40Cr整块钢板铣削制成，分夹紧头、滑块、顶丝、击打手柄4部分。30mm厚钢板设计使强度得到保障，防止击打手柄在击打作业时被磕断。夹紧头为方形中空式，结构采用闭合式设计，避免了在拆装双公接头作业时工具飞出。夹紧头外径宽139mm、长125mm，内径宽91mm、头部外径长71mm。夹紧头内径两侧铣削有导轨，导轨一侧加工有螺纹孔，滑块高度方向铣削有滑槽。击打手柄宽91mm、长330mm。

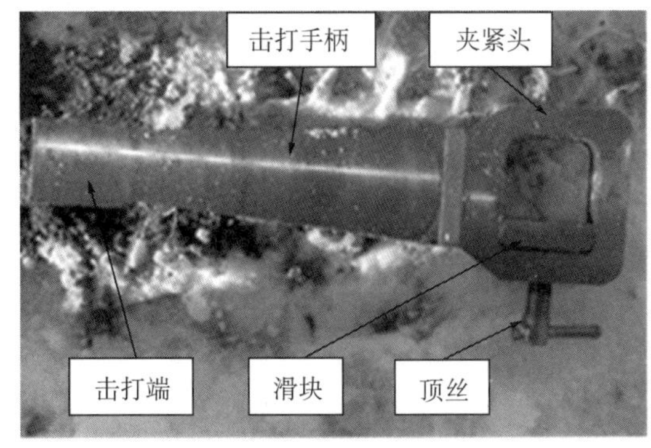

图1 专用拆装工具实物图

专用拆装工具使用40Cr钢材，保证了击打端、顶丝、滑块的硬度和韧性。适当地增加击打端宽度，提高抗击打能力。在保证工具实用性的情况下，最终定型专用拆装工具夹紧头厚度铣削

1mm，击打手柄厚度铣削 8mm，最大限度减轻拆装工具质量。

操作方法：将夹紧头套入双公接头，旋转顶丝，顶丝推动滑块沿导轨滑动，最终滑块和夹紧头内表面与双公接头侧肩贴合并紧固，新型工具通过液压马达的旋转冲击力击打井架，实现双公接头拆装。

2 应用效果

通过在金 27 三维地震采集项目进行试验，12 台钻机 10d 时间共进行了 36 次拆装作业（按每个机组每 3 天更换 1 个双公接头计算），拆装时间均不超过 5min，拆装工具完好率 100%。实验证明专用拆装工具拆装双公接头速度快，使用时不脱出、不断裂，清除了安全隐患，安全性明显提高。

3 结论

（1）安全。新型专用拆装工具的应用，避免了以往用管钳拆装双公接头带来的危险性，控制了双公接头拆装作业伤人的风险。

（2）提高了作业效率。与人工拆装双公接头方法相比，使用专用拆装工具拆装 1 个双公接头可以节约 15min 左右。以金 27 三维采集项目为例，施工期 60 天，以每个钻井机组每 3 天更换一个双公接头计算，整个钻井组 12 台钻机作业可以节约时间：12×（60÷3）×15=3600min，合计 60h，相当于整个钻井班组节约两天半生产时间。

（3）节约成本。WT50 钻机液压马达扭矩 130N·m，转速 220r/min，管钳高速旋转击打井架拆装接头，管钳柄易被磕断。在金 27 三维采集项目，整个施工期间每个机组使用管钳平均达到 2～3 把，每把管钳采购成本 180 元，12 个机组：2×12×180=4320 元。东方物探大庆物探一公司共有 8 支地震队，如果该专用拆装工具在 8 支地震队进行推广使用，直接经济效益 3.5 万元。

新型专用拆装工具安全性高、实用性强，适用于地震钻井生产，推广前景广阔。

（作者：王全义，东方地球物理公司大庆物探一公司 2122 地震队，地震勘探工，高级技师）

裴庆银　张立群
樊兴望　马　刚
梁红军

膨胀机转速探头装卸工装研制

在天然气初加工中，为了更好地利用能源，回收更多的轻烃，提供大量含乙烷以上的烃类作为化工原料，需要进行天然气的深度冷冻。深冷轻烃装置采用膨胀机制冷，这种制冷方法可以有效地将天然气中各组分进行分离，脱出甲烷气体，提高乙烷回收率，在充分利用能量方面有很大的优越性。

膨胀机组是深冷装置的核心设备，利用工质流动时速度的变化进行能量转换，可使气体温度降低到 −90℃。膨胀机组运行速度可达到 40000r/min，为保证安全运行，利用转速探头对膨胀机组转速进行监测。

转速探头由探针、调节螺母、锁紧螺母和传感线组成。在安装时，先利用调节螺母把探针调节到适宜的位置，然后用锁紧螺母紧固，保证探针稳定工作。转速探头在每年检修期间都需要拆卸进行校对，保证测量的准确率。

1　问题提出

深冷膨胀机转速探头的位置介于两台设备之间，即位于膨胀机组膨胀端法兰与压缩端法兰之间，两个法兰的距离只有 7cm，并且调节螺母与锁紧螺母紧贴在管线表面，距离两个法兰边沿 10cm，如图 1 所示，因此在拆装过程中存在以下几个问题。

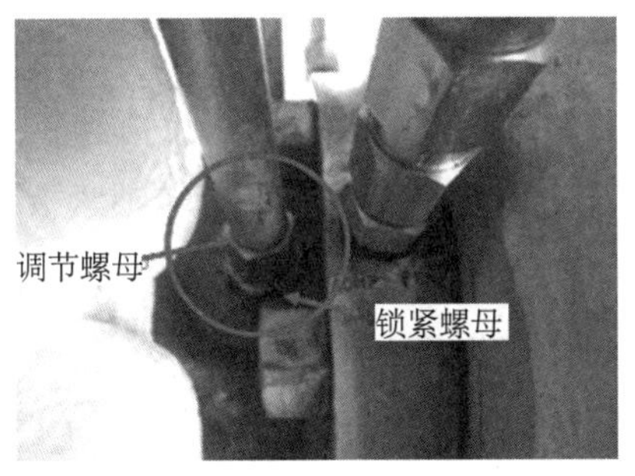

图1　膨胀机转速探头位置

（1）由于调节螺母和锁紧螺母在两个法兰片中间，空间狭窄，普通工具使用没有操作空间，每次只可以旋转 10° 左右（图 2），导致拆卸膨胀机转速探头时间长、难度大，给拆卸工作带来不便。

（2）在探头安装过程中，由于空间的局限性，普通工具不能完全用力，探头不能连接到位，造成渗漏，存在危险及安全隐患。

（3）膨胀机转速探头的安装位置周边有平台和多条管线，导致操作人员操作空间狭小，增大了拆装难度，增加了劳动强度。

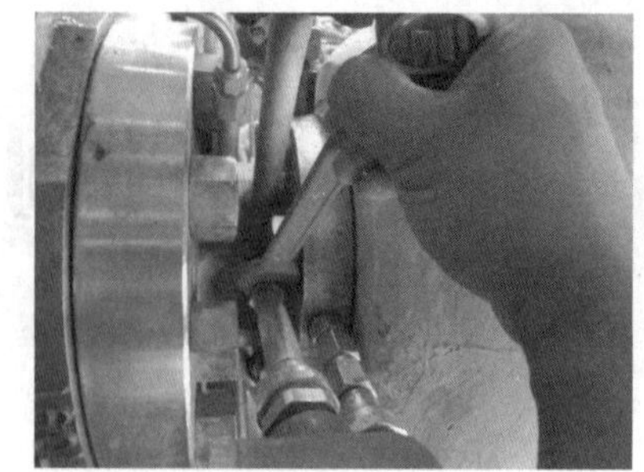

图2 使用普通工具操作膨胀机转速探头

2 解决方法

为了使膨胀机转速探头装卸便捷，安装到位，减少工人操作时间及劳动强度，并消除渗漏的风险，制作一个工装。工装采用不锈钢管制作，分为三部分：锁紧扳手、调节扳手和加力杠。

2.1 锁紧扳手

锁紧扳手由两部分焊接而成：延长件和工作件。锁紧扳手延长件是一根长183mm、ϕ42mm×3mm的不锈钢圆管，工作件是一个高20mm的M32内六角。

为适应狭小的工作空间，避开膨胀机转速探头锁紧螺母附近的障碍零件，将锁紧扳手工装工作件设计为偏口工装；为保证工件的工作强度，避免用力过猛产生的工件壁损坏，偏口处只打磨掉1/2的管壁厚度；在延长件尾部打磨出4条两两对称的平面，方便活动扳手固定延长件。

2.2 调节扳手

调节扳手也是由两部分焊接而成：延长件和工作件。调节扳手延长件是一根长200mm、ϕ34mm×2.5mm的不锈钢圆管，工作件是一个高33mm的M27内六角。

在调节扳手延长件尾部两两对称开4个孔，用于伸入加力杠，便于调节扳手操作。

2.3 使用方法

从探头后端套入锁紧扳手，使锁紧扳手工作件套在锁紧螺母上，使锁紧扳手与锁紧螺母紧密接触。

将调节扳手插入锁紧扳手内，使调节扳手工作件套在调节螺母上，使调节扳手与调节螺母紧密接触。

然后相对旋转锁紧扳手和调节扳手使锁紧螺母旋至大致合适位置，再同步旋转锁紧扳手和调节扳手，使探头旋入安装孔到位。

用活动扳手夹住锁紧扳手延长件尾部，固定锁紧扳手，将加力杠穿入调节扳手延长件尾部孔内，旋转调节扳手将探头调至合适位置。

最后用活动扳手旋转锁紧扳手使锁紧螺母锁紧探头。

在操作过程中，扳手端头位于狭小空间外部，操作空间较大，易于拆装调整（图3）。

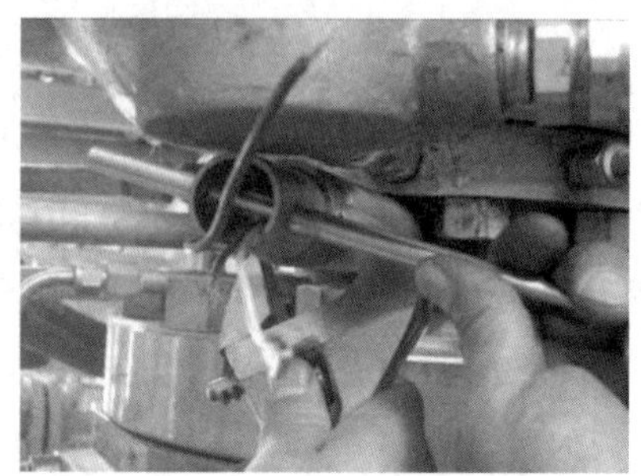

图3 工装使用示意图

3 应用效果

工装采用圆筒形设计，围绕中心轴进行旋转，节省操作空间。使用普通工具拆卸膨胀机转速探头需要50min，现在只需要5min，提高了工作效率，减少了操作人员的劳动强度。

工装操作简单方便可靠，可以360°旋转，使探头连接到位，安装紧固，减少渗漏风险，保证运行安全，可以避免因工具使用不当造成探头引线的损坏。

（作者：裴庆银，大庆油田天然气分公司，轻烃装置操作工，高级技师；张立群，冀东油田油气集输公司，轻烃装置操作工，高级技师；樊兴望，大庆油田天然气分公司，输气工，高级技师；马刚，大庆油田天然气分公司，仪表维修工，技师；梁红军，大庆油田天然气分公司，轻烃装置操作工，技师）

贾洪彬

减速机油气分离器的研制与应用

目前，大庆石化公司热电厂锅炉车间拥有6台410t/h的煤粉锅炉，12台钢球磨煤机，20台减速机。磨煤机中的减速机是确保锅炉安全运行的重要设备之一，在生产过程中长期处在连续运转的状态下。由于减速机体内齿轮高速旋转、相互咬合，产生热量导致箱体内的温度上升。同时齿轮搅动减速机体内的油液飞溅，产生的油气混合气体从减速机上面的排气装置排出，严重污染工作环境，浪费润滑油资源，造成不必要的浪费。

为解决这一问题，研制了减速机油气分离器，有效解决了减速机排出油气而污染环境的问题，对锅炉机组安全、经济运行工作具有一定的指导意义。

1 问题分析和解决思路

1.1 问题分析

（1）减速机长时间运行，原呼吸阀滤油效果不好，造成润滑油使用量增加，导致不必要的浪费。油珠落在减速机设备表面，造成环境污染，难以清理（图1）。

（2）每天需要组织人力、物力对减速机设备表面污油进行清理，增加设备维护成本。

（3）由于减速机设备距地面高度在1.5m以上，操作人员清理污油时，需要站在设备上进行清理，存在坠落的安全风险。

1.2 解决思路

经过分析研究，设计制作一个能把油和气分离的装置，利用扩容、减速、过滤、分离等原理，最终达到油气分离，避免油珠外泄污染环境的目的。

2 减速机油气分离器的研制

2.1 装置结构

减速机油气分离器主要由连接法兰、下排气短接、下变径管、两层百叶窗式格栅、扩容器、三层耐腐蚀网、螺纹连接件、上排气管、排气帽等组成（图2）。

连接法兰：把油气分离器固定在减速机上，连接方式采用法兰连接。

下排气短接：用于连接法兰与下变径管，连接方式采用焊接。

图1 减速机原呼吸阀现场应用图

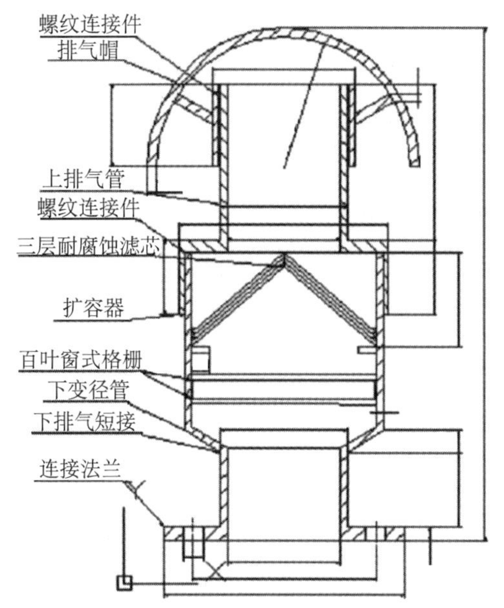

图2 减速机油气分离器结构示意图

下变径管：用于连接扩容器，连接方式采用焊接。

两层百叶窗式格栅：用于分离油气中较大的油珠。

扩容器：扩容、减速作用，使油气流速减缓，迫使大量的油珠回落到减速机箱内。

三层耐腐蚀网：过滤掉油气中颗粒较小的油珠。

螺纹连接件：用于连接上变径与扩容器、上排气帽与上排管，连接方式采用螺纹连接，以便于拆卸清洗内部过滤部件。

上排气管：用于连接扩容器与排气管帽，连接方式采用焊接方式。

排气帽：防止灰尘落入减速机箱体内。

2.2 工作原理

减速机内的齿轮高速旋转时搅动箱体内的油液飞溅，油气混合物通过下排气管短接和下变径管，经过两层百叶窗式格栅隔离，颗粒较大的油珠落回减速机箱体内继续使用，再小一点的油珠进入扩容器里扩容，扩容后的油珠密度减小。油气通过三层耐腐蚀网后，过滤掉油气中颗粒细小的油珠，达到排出干净空气的目的。

2.3 技术关键

(1) 百叶窗式格栅采用宽20mm、间隙10mm的不锈钢材质制成，有效分离颗粒较大的油珠。

(2) 第一层耐腐蚀网采用孔径5mm、厚度3mm的不锈钢材质制成，有效分离颗粒较小的油珠。

(3) 第二层耐腐蚀网采用孔径4mm、厚度2mm的不锈钢材质制成，有效分离颗粒较小的油珠。

(4) 第三层耐腐蚀网采用孔径3mm、厚度1mm的不锈钢材质制成，有效分离颗粒较小的油珠。

3 现场应用情况

2017年6月至今，减速机油气分离器在大庆石化公司热电厂锅炉车间20台减速机投入使用，润滑油无泄漏率达到100%，为磨煤机减速机环保运行提供了强有力的保障。

装置采用不锈钢材质，安装方便、操作简单、经久耐用、维护成本低，油气分离效果好，为文明生产、安全环保奠定了良好基础。减少磨煤机的减速机停机时间，提高磨煤机的减速机运行时率，确保操作员工人身安全。

磨煤机的减速机在运行过程中排气孔排出的空气中不含油珠，油珠落回减速机箱体内，节省了润滑油，减少了清理设备油污所需的人力、物力、财力，每台炉每年可节约1万元，20台减速机年共计节约20万元，经济效益十分可观。

4 结论及认识

(1) 减速机油气分离器制造工艺简单，操作使用方便，适用于磨煤机减速机油气分离的常规作业。

(2) 减速机油气分离器利用两层百叶窗式格

栅，对减速机产生的油气中颗粒大一点的油珠进行初级分离。

（3）减速机油气分离器利用三层耐腐蚀过滤网，滤掉所有剩余的油珠，确保干净的空气经上排气管和排气帽排出。

（4）减速机油气分离器每年需要清洗一次防腐过滤网，确保其能够正常使用。

减速机油气分离器现场试验获得成功，已在大庆石化分公司热电厂应用，在同行业电厂具有广阔应用前景。

（作者：贾洪彬，大庆石化分公司热电厂，锅炉运行值班员，高级技师）

史 昆 王 斌
付洪亮

安全油嘴拆卸扳手的研制与应用

油嘴是自喷井、电动潜油泵井控制生产压差的主要部件，在油井生产过程中会经常使用油嘴扳手拆装油嘴。为了解决油嘴座与生产阀门闸板之间存在的压力无法释放、拆卸油嘴存在安全隐患的问题，进行了安全油嘴拆卸扳手的研制工作，取得了一定的成效。

1 问题提出

由于油嘴通孔易被稠油、砂、蜡堵塞，油嘴座与生产阀门闸板余隙间存在的压力无法释放，导致油嘴在拆卸过程中油嘴扳手连同油嘴被余压打飞出去，造成人身伤害或设备损坏。如果油嘴套内有残余原油还会造成环境污染，给油田带来较大损失。因此，急需改造一种携带便捷、使用安全可靠的油嘴拆卸工具，以满足现场生产需要。

2 工具改造

2.1 改造思路

结合现场生产实际，确定改进目标为解决油嘴拆卸过程中油嘴和扳手被余压打飞出油嘴套的问题，安全油嘴拆卸扳手的应用应能达到3个目的：

（1）快速实现油嘴扳手对中找正油嘴帽；

（2）实现油嘴座至生产阀门闸板间的余压安全释放；

（3）避免人身伤害和环境污染。

2.2 改造设计

现场实践发现，余压在油嘴套内释放后再通过油嘴扳手泄压是最有效的方法，因此决定对油嘴套丝堵和油嘴扳手进行组合改造。

在 ϕ63mm 油嘴套丝堵圆心位置钻 16.5mm 通孔（图 1）待用。把油嘴扳手的扭力杆与连杆切割开，将连杆套入丝堵圆孔，再将切割的扭力杆与连杆焊接、打磨，即可完成安全油嘴拆卸扳手的改造（图 2）。

在操作自喷井替喷作业时，将安全油嘴拆卸扳手丝堵套装在油嘴套上，当油压释放时油嘴与扳手被丝堵挡住，油嘴套中的余压彻底释放，油嘴扳手连通油嘴也不会被余压打出，从而降低安全隐患。

图1 钻孔丝堵

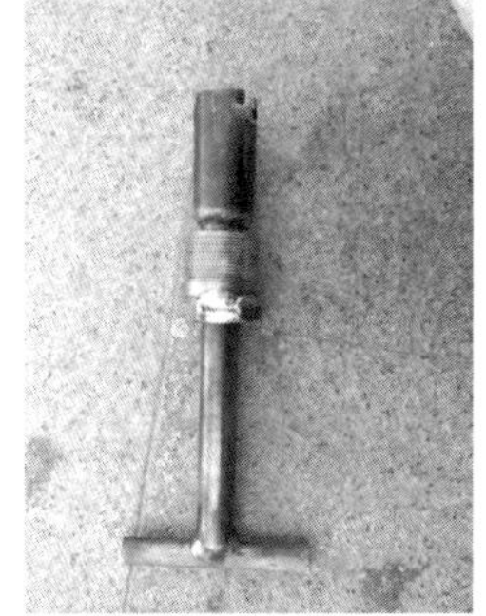

图2 安全油嘴拆卸扳手

3 应用效果

安全油嘴拆卸扳手简易、轻便、易携带、易安装，目前已在南翼山油田 90 多口自喷井生产中得到应用，能够有效降低油嘴拆卸过程中的安全操作和环保污染风险。

2019年10月，南翼山油田室外环境温度达到−18℃，各班组开展自喷井替喷作业时，均出现拆卸工具被余隙压力打出的现象，作业区因此延长了自喷井替喷周期，从而导致部分自喷井出现躺井现象。为解决此项生产难题，作业区将设计完成的安全油嘴拆卸扳手投入班组操作使用（图3）。使用该工具后再未出现油嘴连同扳手被余隙压力打出和因此造成的环境污染问题。

图3 现场使用

4 结束语

安全油嘴拆卸扳手的改造应用，虽然难度不大、技术含量不是很高，但能够直接、有效地解决自喷井替喷作业中的安全操作和环境污染风险，具有很强的实用性。下一步，将结合现场应用情况反馈，对堵头密封和原堵头拆卸工具进行升级组合改造，以便使该工具在现场得到充分应用。

（作者：史昆，青海油田采油一厂尕斯第一采油作业区，采油工，高级技师；王斌，青海油田采油四厂南翼山采油作业区，采油工，高级技师；付洪亮，青海油田安全监督中心，监督岗，工程师）

抽油机悬绳器钢丝绳养护专用工具的研制与应用

◆ 尤立红

目前油田应用最多的机械采油设备为抽油机。随着设备运转时间的不断延长，起到软连接作用的悬绳器钢丝绳在长时间、大负荷的运转过程中，会发生钢丝绳锈蚀、断股、绳断等现象，影响抽油机正常运转，甚至导致设备损坏，油井停抽、停产.为了延长悬绳器钢丝绳的使用寿命，需要定期对其进行保养。

1 悬绳器钢丝绳养护的目的

钢丝绳是将力学性能和几何尺寸符合要求的钢丝按照一定的规则捻制在一起的螺旋状钢丝束，钢丝绳由钢丝、绳芯及润滑脂组成。绳芯浸满机油，在钢丝绳张力作用下，绳芯的机油沿钢丝绳一点一点外渗，附着在表面。在抽油机更换悬绳器钢丝绳作业过程中，要求在悬绳器钢丝绳表面均匀涂抹润滑脂，润滑脂附着在悬绳器钢丝绳表面，可起到防止悬绳器钢丝绳表面风化、锈蚀的作用。

2 问题的提出与调研

2.1 现状调查

采油工在每天的日常巡检中，要求检查悬绳器钢丝绳是否有毛刺、断股现象，发现问题需要及时进行更换。若日常保养到位，可有效延长悬绳器钢丝绳的使用寿命。

2.2 存在的问题

2.2.1 没有规范的操作及专用工具

润滑脂虽然可以有效防止悬绳器钢丝绳表面风化、锈蚀，但润滑脂暴露在空气中一个月左右会出现发黑现象，长时间不处理就会发硬，失去作用。采油工在日常抽油机保养中，需要将悬绳器钢丝绳表面重新涂抹润滑脂，而抽油机悬绳器钢丝绳的维护保养没有详细的规定和专用的保养工具，给员工操作带来不便的同时，存在安全隐患。

2.2.2 操作空间受限

抽油机悬绳器钢丝绳的安装位置较高，最高点距离地面约为10m，悬绳器钢丝绳工作时垂直长度超过3m；受抽油机结构影响，悬绳器钢丝绳下方无平稳的操作平台。目前在生产现场，员工一般都站在防盗箱、减速箱上用手套粘上润滑脂去涂抹钢丝绳。由于位置受限使保养无法到位，且员工站在减速箱上操作，存在高空坠落的安全隐患，反复拿取润滑脂，员工劳动强度大。

3　专用工具的研制作

3.1　思路的提出

想要有效解决上述问题，有三种方法：

一是降低悬绳器钢丝绳的高度。抽油机悬绳器是连接驴头与井口光杆的软性连接件，后悬绳器是双驴头抽油机连接后驴头与横船的软性连接件，受抽油机结构限制，无法改变高度。

二是在悬绳器钢丝绳下方建立一个平稳的操作平台。悬绳器钢丝绳在抽油机工作过程中，高度随着驴头运转而发生改变，在井口或横船下方安装操作平台也很难实现。

三是研发一种抽油机悬绳器钢丝绳养护专用工具。能够实现操作人员站在平稳、相对较低的位置，即可以实现悬绳器钢丝绳的养护作业。该方法不需要改变抽油机结构，不受生产现场环境限制，可以实现。

3.2　具体实施方法

3.2.1　研制条件

研制抽油机悬绳器钢丝绳养护专用工具，应具有存储一定量的润滑脂的空间，避免重复性操作；该空间同时能够容纳钢丝绳，在抽油机悬绳器钢丝绳进行养护时，与钢丝绳配合，以便将内部存储的润滑脂涂抹在钢丝绳上；应能够实现一定角度内的调整，以满足不同角度悬绳器钢丝绳养护；应可以满足不同高度位置悬绳器钢丝绳养护。

3.2.2　悬绳器钢丝绳养护专用工具的制作

抽油机悬绳器钢丝绳养护专用工具由储油槽、刮油刷、连杆和加长杆 4 部分组成（图 1）。

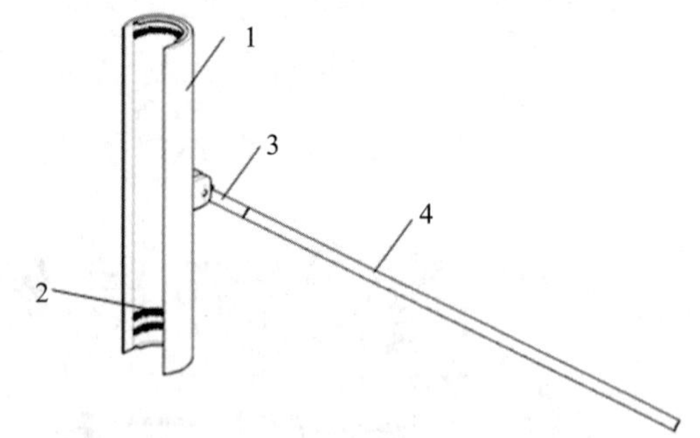

图1　抽油机悬绳器钢丝绳养护专用工具结构示意图

1—储油槽；2—刮油刷；3—连杆；4—加长杆

3.2.3　使用方法

抽油机悬绳器钢丝绳涂抹润滑脂时，将储油槽内两凹槽的挡板之间加满润滑脂，并将储油槽与需要保养的悬绳器钢丝绳配合扣好，根据需要长度可使用多根加长杆。推动加长杆，使储油槽沿悬绳器钢丝绳上下移动即可实现养护操作。

4　应用效果

抽油机悬绳器钢丝绳养护专用工具，经抽油机井现场试验成功，在作业区范围内推广应用，累计使用 564 井次，操作人员反映，该装置可重复使用，每次只需要在储油槽内填充润滑脂即可，方便快捷，且保养效果较好。应用后悬绳器钢丝绳保养到位率由 40% 提升至 98%；操作时间由 30min/ 井次缩短到 10min/ 井次；特别是针对后悬绳器钢丝绳进行保养时，员工可站在减速箱操作平台上进行操作，有效避免高空坠落的安全事故发生。

参考文献

[1] 钱华明 . 起重机钢丝绳的维护保养的探讨 . 科技风，2012（9）：72.

[2] 徐体康，张铭德，吴菲 . 集装箱码头钢丝绳的润滑保养，集装箱化，2007（1）：28–30.

[3] 陈明 . 新型环保节约型钢丝绳浸油保养装置的研制 . 宁夏电力，2010（增刊）：259–261.

（作者：尤立红，大港油田公司第五采油厂，采油工，高级技师）